风蚀水蚀交错区
综合治理技术及效益评价研究

胡海华　吉祖稳　陆琴　余弘婧　等　著

U0293827

中国水利水电出版社
www.waterpub.com.cn

·北京·

内 容 提 要

　　本书基于对风蚀水蚀交错区典型示范区的调查研究，采用理论分析、现场调研、室内试验及资料分析相结合的方法，进行了以下研究：风蚀水蚀交错区风沙起动、扬起和输移规律；风水两相侵蚀的特性；风水两相侵蚀受气候、水文、地质地貌、植被以及人类活动等因素影响的形成机理；植被演化与风沙活动的影响关系以及小流域环境因子对风水两相侵蚀的影响；提出了包括工程措施、生物措施、生态自然修复措施等具体可行的综合防治措施；对典型区域治理工程减少风蚀水蚀的效益进行了评价。

　　本书为风蚀水蚀交错区综合治理提供了科学依据和技术支撑，具有重要的理论与现实意义。本书适合从事水土保持专业的相关管理、研究、设计人员参考，也适合高等院校相关专业的师生参考。

图书在版编目（CIP）数据

风蚀水蚀交错区综合治理技术及效益评价研究 ／ 胡海华等著. -- 北京：中国水利水电出版社，2019.11
ISBN 978-7-5170-8209-5

Ⅰ．①风… Ⅱ．①胡… Ⅲ．①风蚀－小流域综合治理－研究②水蚀－小流域综合治理－研究 Ⅳ．①TV88

中国版本图书馆CIP数据核字(2019)第253967号

书　　名	**风蚀水蚀交错区综合治理技术及效益评价研究** FENGSHI SHUISHI JIAOCUO QU ZONGHE ZHILI JISHU JI XIAOYI PINGJIA YANJIU	
作　　者	胡海华　吉祖稳　陆琴　余弘婧　等 著	
出版发行	中国水利水电出版社 （北京市海淀区玉渊潭南路1号D座　100038） 网址：www.waterpub.com.cn E-mail：sales@waterpub.com.cn 电话：(010) 68367658（营销中心）	
经　　售	北京科水图书销售中心（零售） 电话：(010) 88383994、63202643、68545874 全国各地新华书店和相关出版物销售网点	
排　　版	中国水利水电出版社微机排版中心	
印　　刷	天津嘉恒印务有限公司	
规　　格	170mm×240mm　16开本　11.5印张　220千字	
版　　次	2019年11月第1版　2019年11月第1次印刷	
印　　数	0001—1000册	
定　　价	**58.00元**	

凡购买我社图书，如有缺页、倒页、脱页的，本社营销中心负责调换

前言

    中国是世界上受土地荒漠化危害最为严重的国家之一，现有沙化土地 168.9 万 km²，占国土面积的 17.6%，主要分布在西北大部、华北北部、东北西部及西藏北部，形成了一条西起塔里木盆地，东至松嫩平原西部，长约 4500km，宽约 600km 的风沙带。特别是 2000 年 3 月以来，我国北方地区连续出现沙尘暴天气，我国华北、西北 200 多万 km² 的土地多次遭受沙尘暴的严重威胁，并直接袭击首都北京，其次数之多、规模之大为历史所罕见。

    为了解决首都圈日益突出的生态环境问题，京津风沙源治理工程于 2000 年启动，是国家六大生态建设工程之一。该项目根据风沙来源对重点风沙源区进行集中治理，工程范围西起内蒙古的达茂旗，东至河北的平泉县，南起山西的代县，北至内蒙古的东乌珠穆沁旗，范围涉及内蒙古、河北、山西及北京和天津的 75 个县（市、区、旗），区域总面积约为 45.8 万 km²。在京津周围的广大荒漠化区多是区域经济不发达地区，科学技术发展程度低，为了确保风沙治理项目的顺利实施，科学技术部同时起动了风沙源治理科技支撑项目，以典型小流域为依托，采用加大技术投入和增强监测力度，从而提高项目治理的技术含量，通过以点带面的方式达到最佳治理效果。风蚀水蚀交错区综合治理技术示范与推广及效益监测与评价项目就是在此背景下获得立项支持的。以典型水蚀风蚀交错地区为基础，对水土保持及植被生态修复等方面的先进技术进行应用和实践，保护和恢复侵蚀区的植被，改善当地的生态环境；运用 3S 技术进行动态监测与有效管理，建成相应的试验示范区。

    风蚀水蚀交错区是风蚀、水蚀两相侵蚀方式共同作用的结果，其侵蚀特性和治理措施既不同于水力侵蚀，也不同于风力侵蚀。本书通过结合典型风蚀水蚀交错区自然和社会条件以及当地的治理实践，系统地调查了区域内的气候条件、植被现状、经济状况和风蚀水蚀情况等综合要素，并通过野外植被踏勘、区域风沙综合监测、实验室风洞模拟试验等多种方法对区域风沙输移规律和综合治理技术及效益监测与评价进行了系统的分析研究。结合土壤侵蚀和泥沙运动理论对气象、风速分布、风沙输移、径流泥沙等监测数据进行系统分析，研究了气象因素对区域风沙活动的影响程度、典型区域风速的变化和垂直分布、风沙输移和垂直分布、典型冲沟的径流泥沙情况等有关典型区域的风沙起动、扬起和输移规律，并对典型区域治理工程减少风蚀水蚀的效益进行了评价。为了进一步深入研究风蚀水蚀交错区风沙活动的形成机理，本书主要采用理论分析、现场调研、室内试验及资料分析相结合的方法，通过研究风蚀水蚀交错区风蚀水蚀两相侵蚀的特性，揭示了风蚀水蚀两相侵蚀受气候、水文、地质地貌、植被以及人类活动等因素影响的形成机理，系统研究了坝上地区植被演化与风沙活动的影响关系以及小流域环境因子对风蚀水蚀两相侵蚀的影响，并根据典型区域实际情况提出了包括工程措施、生物措施、生态自然修复措施等具体可行的综合防治措施，为风蚀水蚀交错区综合治理提供了科学依据和技术支撑，具有重要的理论与现实意义。

本书是在京津风沙源治理工程科技支撑项目"沽源县风蚀水蚀交错区综合治理技术示范与推广及效益监测与评价"、中国水利水电科学研究院重点科研专项"非均匀沙运动理论前沿研究（二）"及水利部技术示范项目"西藏高寒地区水土保持无人机综合监测技术"的部分研究成果基础上，通过系统总结编写而成。全书共分 8 章，主要内容及编写人员如下：第 1 章概述，由胡海华、吉祖稳执笔；第 2 章典型示范区基本情况，由胡海华、吉祖稳、陆琴执笔；第 3 章示范区风沙观测结果与分析，由胡海华、陆琴、余弘婧执笔；第 4 章风沙活动与植被条件耦合关系风洞实验，由胡海华、石雪峰、吉祖稳执笔；第 5 章示范区植被调查及优势物种分析，由陆琴、夏建新、余弘婧执笔；第 6 章风蚀水蚀形成机理及综合治理措施，由胡海华、陆琴、余弘婧执笔；第 7 章小流域地理信息管理及效益评价系统，由胡海华、杜龙江、袁雪梅执笔；第 8 章结语，由胡海华、吉祖稳执笔。全书由胡海华审定统稿。

特别需要说明的是，本书的研究成果在研究过程中，得到了许多领导、专家的指导和支持以及同事的帮助，主要有曹文洪、吉祖稳、夏建新、邓安军、董占地、陆琴、余弘婧、石雪峰、刘世海、杜龙江、袁雪梅、付玲燕等，在此表示诚挚的感谢！

本书得到了中国水利水电科学研究院重点科研专项"非均匀沙运动理论前沿研究（二）"（SE0145B362016）、中国水利水电科学研究院科技成果转化基金专项"水库泥沙淤积与调控技术成果集成与转化研究"（SE1003A012017）及水利部技术示范项目"西藏高寒地区水土保持无人机综合监测技术"（SF-201902）的资助，特此感谢！

鉴于风蚀水蚀交错区小流域综合治理技术及效益评价的复杂性，加之作者水平有限，书中定有不少欠妥或谬误之处，竭诚欢迎读者批评指正。

胡海华

2019 年 11 月于北京

目录

1 概述

　　我国是世界上受土地荒漠化危害最为严重的国家之一,现有沙化土地 168.9 万 km²,占国土面积的 17.6%,主要分布在西北大部、华北北部、东北西部及西藏北部,形成了一条西起塔里木盆地,东至松嫩平原西部,长约 4500km,宽约 600km 的风沙带。沙化土地分布涉及全国 30 个省(自治区、直辖市)的 841 个县(市、区、旗)。沙化日趋扩展的势头尚未遏制。据观测,20 世纪 50—70 年代全国风蚀沙化土地平均每年扩大 1560km²,80 年代平均每年扩大 2100km²,近年来已增加到 2460km²,相当于每年损失掉一个中等县的土地面积。沙尘暴天气发生频繁。据统计,造成重大经济损失的特大沙暴,60 年代发生 8 次,70 年代 13 次,80 年代 14 次,进入 90 年代已达 23 次。1993 年 5 月 5 日发生的大范围强沙尘暴天气,造成西北地区 85 人死亡,受灾面积 37 万 km²,直接经济损失 5.4 亿元。特别是 2000 年 3 月以来,我国北方地区连续出现沙尘暴天气,我国华北、西北 200 多万 km² 的土地多次遭受沙尘暴的严重威胁,并直接袭击首都北京,其次数之多、规模之大为历史所罕见。

　　为了解决首都圈日益突出的生态环境问题,京津风沙源治理工程于 2000 年启动,是国家六大生态建设工程之一。该项目根据风沙来源对重点风沙源区进行集中治理，工程范围西起内蒙古的达茂旗，东至河北的平泉县，南起山西的代县，北至内蒙古的东乌珠穆沁旗，范围涉及内蒙古、河北、山西及北京和天津的 75 个县（区、市、旗）。据初步统计，截至 2004 年，已累计退耕还林及配套荒山造林 2442 万亩、营造林 2420 万亩、草地治理 10952 万亩、小流域综合治理 5223km²，分别占规划任务的 62%、33%、69% 和 22%。

在京津周围的广大荒漠化区多是区域经济不发达地区，科学技术发展程度低，为了确保风沙治理项目的顺利实施，科学技术部同时起动了风沙源治理科技支撑项目，以典型小流域为依托，采用加大技术投入和增强监测力度，从而提高项目治理的技术含量，通过以点带面的方式达到最佳治理效果。风蚀水蚀交错区综合治理技术示范与推广及效益监测与评价项目就是在此背景下获得立项和资金支持的。该项目紧紧围绕河北坝上地区的京津风沙源治理工程，选择芦草胡同小流域为技术推广与示范区，以相关科研院所的科研成果为技术支撑，结合项目区自然和社会条件和当地的治理实践，在项目区实施人工定向植被恢复和重建技术、坡改梯林草配置技术和水资源合理利用与高效农田建设技术的推广与示范，同时对风沙起动和风力侵蚀进行现场观测，并结合 3S 技术对治理区的综合治理效益进行监测与评价；此外，发挥专业科研院所的综合技术优势，对当地水保工作者和群众进行技术培训和公众意识教育，以提高当地风沙治理水平和公众的生态环境保护意识。

2 典型示范区基本情况

2.1 自然条件

典型示范区芦草胡同小流域地处河北省沽源县白土窑乡西南约 2km 处（见图 2.1），流域面积 14.67km²，其中水土流失面积 13.27km²（含风蚀面积）；最高高程 1590m，最低 1418m，相对高差 172m。流域年均气温 1.6℃，无霜期 100 天。流域年降水量约为 403mm，主要集中在 6—9 月，降水量为 309.5mm，占全年降水量的 76.8%。

典型示范区地形南高北低，呈长条形，为典型的坡状高原区。小流域总土地面积 1467hm²。其中：农用耕地 596.19hm²，占总土地面积的 40.64%，主要分布于流域中部和东南部；林地 95.30hm²，占总土地面积的 6.50%，分布于流域西部；荒山荒坡 730.81hm²，占总土地面积的 49.82%。流域土壤主要以沙壤栗钙土为主，多分布在流域的中部、北部及东南部；流域的中南部分布有部分草甸钙土。流域内土地有效土层较薄，土壤结构松散、质地较差、土壤含水量较低，且部分耕地沙化严重，已无法继续耕种，较为适宜采用封禁、退耕还林还草等防沙治沙措施。

流域内树种主要有杨、榆等耐旱乔木树种类，虽因气温低，无霜期较短，降水量少等自然因素制约，生长缓慢，但对于防沙治沙工程而言，具有十分重要的作用。现有林地呈零星、带状散落在流域内，主要分布在流域的北部较为平缓的区域。流域内灌木只有少量的野生柠条，生长状况较差。流域内没有人工草地，草地均是荒草地，覆盖度很低，生长状况较差。

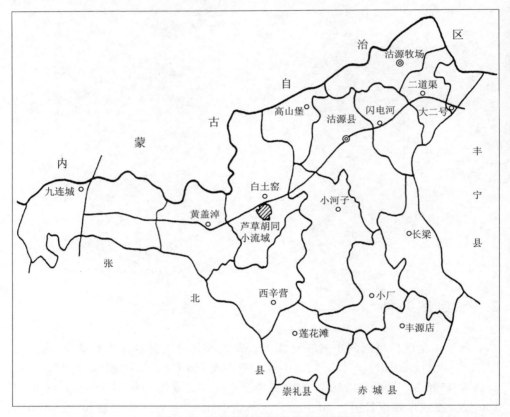

图 2.1 芦草胡同小流域位置示意图

2.2 社会经济状况

典型示范区小流域涉及白土窑乡 1 个行政村，总人口 942 人，人口密度为 64 人/km²。2007 年底各业总产值 77.62 万元，其中：农业 54.6 万元，占总产值 70.3%；牧业 13.2 万元，占总产值的 17%；其他 9.82 万元，占总产值的 12.7%。农作物以小麦、莜麦为主，人均粮食 560kg，人均收入只有 829 元。有大牲畜 220 头，羊 970 只。

2.3 水土流失和治理状况

2.3.1 水土流失现状

流域位于沽源县西部，属典型的风蚀水蚀交错区。土壤侵蚀形式以面蚀为主，坡耕地和荒山荒坡是水土流失的主要来源。流域的土壤侵蚀强度为中度，平均土壤侵蚀模数为 3500t/km² 左右。水蚀主要分布在流域的北部和环流域的浅山基部，风蚀主要分布在流域的浅山丘陵区的中上部，环流域的东、西和南部分布。芦草胡同小流域土壤侵蚀类型和水土流失程度分布见图 2.2。形成风蚀水蚀的主要原因有以下几个方面：

（1）春季干旱大风频繁是引起土壤风蚀的巨大动力。由于本流域春季多风少雨，极易形成春旱，土壤含水量小于 10%，干燥的土壤颗粒为风蚀提供了大量的物质，易造成风蚀。

（2）大面积沙质土壤为土地沙化提供了丰富的沙源。流域内耕地和荒山荒

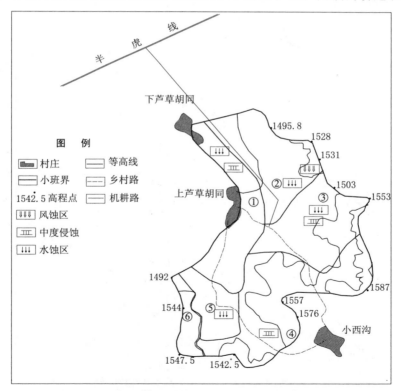

图 2.2 芦草胡同小流域土壤侵蚀类型和水土流失程度分布图

坡占总面积的 90.46%，均系由疏松的沙质沉积物构成，其所需起动风速小，极易形成风蚀。

（3）人为过度经济活动，破坏了干旱和半干旱地区的生态平衡，引起土壤风蚀沙化。长期以来，由于流域内毁林开荒、乱垦滥牧以及耕种形式陈旧，致使脆弱的生态环境进一步恶化，造成流域土壤风蚀沙化进一步加剧。

（4）局部暴雨频繁，地表植被稀少、覆盖率低是小流域水蚀的主要形成原因。项目区小流域的降雨主要集中在 6—9 月，占全年降雨量的 76.8%，易有局部暴雨对地表土壤产生较强的水蚀作用。

2.3.2　治理现状

当地开展了小范围的水土保持治理工作，在治理水土流失方面取得了一定的成绩。但由于科技水平低、措施单一、标准不高、管护力度不够等，治理成果保存率很低，大部分已经不复存在。芦草胡同小流域土地利用和水保措施现状见图2.3。因此，亟需结合一些先进的科技成果进行综合治理，进一步提高治理效果。

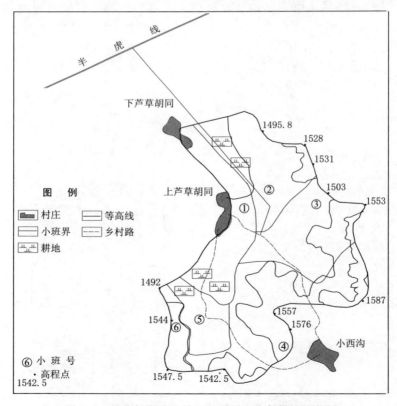

图 2.3　芦草胡同小流域土地利用和水保措施现状图

2.4 建设目标、规模与总体布局

2.4.1 建设目标

典型示范区防治工程的建设目标主要包括以下三方面的内容：

（1）治理水土流失目标。紧密结合在芦草胡同小流域实施的京津风沙源治理工程，建设 7km² 的示范区，其中：植被定向恢复示范面积 4km²；高效农田 1km²；退耕还林还草 2km²。治理完成后，综合治理度达 90％以上，治理措施保存率达 85％以上。各种水保措施全面发挥作用后，拦沙和保水效率达到 70％以上。

（2）改善生态环境目标。通过在示范区内实施人工定向植被恢复和退耕还林还草，使项目区内 90％以上的宜林宜草面积得到绿化，林草覆盖率达到 70％以上，有效地减少水土流失。

（3）经济增长目标。经过综合治理后，示范区内可新增直接经济效益 103.5 万元，新增人均粮食 206kg，人均收入达到 1513 元，比治理前增加 964 元。

2.4.2 建设规模

根据示范区土地利用现状，结合自然和社会经济条件及治理目标，在优先建好基本农田、解决当地群众温饱问题的前提下，遵循宜农则农，宜林则林，宜牧则牧，适地适树（草）的原则确定治理规模。示范区建设和京津风沙源治理工程相结合，在芦草胡同小流域治理面积 1327hm² 的基础上，建设 400hm² 人工植被定向恢复试验示范区，退耕还林还草 200hm²，高效农田 100hm²。

2.4.3 总体布局

根据中度侵蚀区的地形地貌特点，以治理风蚀和水蚀为中心，采取工程措施、生物措施相结合的办法，从上到下，设计三道防护体系。

（1）坡面工程防护体系：主要包括坡的上、中、下三部分。

1）坡的上部：以封禁治理结合造林为主，树种为山杏、核桃等耐瘠薄、耐干旱灌木。

2）坡的中部：以截流沟等小型拦蓄水工程为主，层层设防、节节拦蓄、减缓冲刷；同时根据地质条件、土层厚度，因地制宜地栽种灌木。

3）坡的下部：即坡脚，大部分为坡耕地，以修筑坡式梯田为主，梯田地埂栽植灌木形成生物埂；同时根据土壤类型、土层厚度可以布置带式林草带，以

林防风固沙，以草养畜，促进农村各业经济发展。

（2）发展以水浇地为主导的高效农田建设体系：有效利用水源条件，积极发展水浇地，建立防风固沙的农田防护林系；打井灌溉，推广高科技的节水灌溉技术；变广种薄收为少种多收，提高经济效益，增加农民收入。

（3）沟道工程防护体系：以谷坊坝、沟头围埝等小型拦蓄水工程为主；其中筑谷坊坝 40 道，沟头围埝 0.6 万 m。

2.5 建设内容

本着示范区建设和京津风沙源小流域综合治理相结合的原则，在芦草胡同小流域内，建设 $4km^2$ 人工植被定向恢复试验示范区，退耕还林还草 $2km^2$，高效农田 $1km^2$，建设不同土地利用类型（农地、灌木林地和草地）侵蚀观测试验区各一个。在整个项目示范区中营造灌木林 $200hm^2$，其中沙棘 $70hm^2$、柠条 $80hm^2$、山杏核种植 $50hm^2$。人工种草 $150hm^2$，其中紫花苜蓿 $70hm^2$、沙打旺 $80hm^2$。建设浅层地下水灌溉高效农田 $100hm^2$，截流沟 0.8 万 m，坡式梯田建设 $200hm^2$，鱼鳞坑整地 $30hm^2$，小坑整地 $170hm^2$；封禁治理 $400hm^2$，科研观测设施建设 5 个小区。

由于没考虑到集中连片，布设的措施较为分散。为了使示范区能够体现集中连片，科研观测集中化，按照大不动小调整的原则，对部分措施面积及投资进行了调整，具体调整后任务包括：在整个项目区中营造灌木林 $550hm^2$，其中柠条 $500hm^2$、山杏核 $50hm^2$。人工种植冰草 $220hm^2$。坡式梯田建设 $50hm^2$，高效农田建设 $100hm^2$，鱼鳞坑整地 $160hm^2$，截流沟 0.8 万 m，封禁治理 $130hm^2$。

3 示范区风沙观测结果与分析

为了对典型示范区综合治理效果进行科学评估，分别选择农地、灌木林地和草地三种典型地貌建立风蚀观测试验小区。对试验小区内的气象、风速、地表侵蚀厚度、土壤泥沙颗粒组成和输沙率等进行现场观测，并结合泥沙运动理论分析，研究风沙源区的风沙起动、扬起和输移规律，探讨不同粒径组成的地表物质扬起输移的范围，对示范区内治理工程减少风蚀的效益进行评价。

3.1 主要观测仪器

在监测试验小区内建立了一套全自动气象监测系统，进行全年 365 天实时动态跟踪监测，并配合部分人工现场监测。现场监测仪器主要包括小型自动气象站、手持气象仪、自记式水位计、集沙仪、量水堰和高精度电子天平等，其主要使用情况说明如下。

（1）小型自动气象站。示范区气象观测采用的是美国生产的 TERM8W 型全自动数据采集气象站（见图 3.1），该气象站可以实现气象监测全程自动化，采集人员可以根据需要随时调用采集器存储的数据，也可以使用电脑与采集器连接对气象指标进行实时动态监测。该气象站主要包括传感器、数据采集器、采集软件和安装附件等部件，其工作基本原理为：通过传感器接收外界各种气象信息，然后传入数据采集器存储，数据采集人员可以通过电脑与数据采集器连接，使用专用配套软件，可方便快捷地下载数据采集器采集到的气象数据。

（2）手持气象仪。Kestrel 4000 型手持气象仪是美国 NK 公司生产的一款集高精度、耐用、防水于一身的小型野外观测仪器（见图 3.2）；其可以测量风速（最大值/平均值）、空气温湿度、风寒、露点、高度、大气压，可存储 250 个数据；其最大优点是方便携带，而且使用菜单选项快捷简便，观测功能亦十分强大，大大提高了野外观测的工作效率和质量。在项目示范区里，通过使用手持气象仪对区域内不同观测小区典型时段风速（最大值/平均值）、空气温湿度、高度、大气压等指标进行观测，为采集风速的空间垂直分布数据和不同性质下垫面风速廓线数据提供了强有力的技术支持。

图 3.1　TERM8W 型全自动数据采集气象站　　图 3.2　Kestrel 4000 型手持气象仪

（3）WL‐2000 型自记式水位计。WL‐2000 型自记式水位计是国家节水灌溉北京工程技术研究中心根据水利系统的实际需要研制开发的一种智能型自动水位记录装置（见图 3.3）。它采用蓄电池供电，功耗低，测量精度高，并采用大容量内存，记录数据量大，存储可靠，输出采用 IC 卡和串口，使数据采集方便灵活。WL‐2000 型自记式水位计主要包括传感器、便携式写卡器、读卡器、无线数据调制解调器和计算机直连数据线等部件。在示范区将其安装在芦草胡同小流域典型冲沟上，通过水位计典型时间段的观测，数据采集人员可以将电脑与数据传感器直连，通过专用数据读取软件将传感器采集记录的数据读取下载到电脑上；或者使用水位计配套专用数据采集 IC 卡转储读取，然后回到实验室再将 IC 卡中的数据导入电脑。

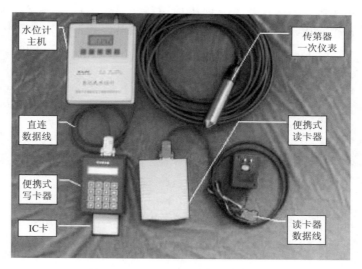

图 3.3　WL‑2000 型自记式水位计

（4）集沙仪。示范区用于观测风沙活动情况的仪器是定制平口集沙仪，其结构见图 3.4，其布置见图 3.5。集沙仪的测沙探头由 24 个 3cm×3cm 的进沙方

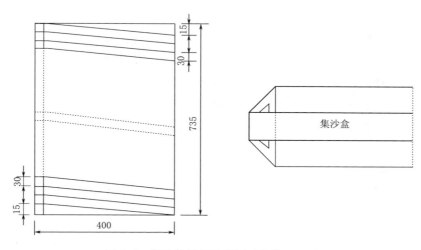

图 3.4　集沙仪结构示意图（单位：mm）

孔组成，进沙方孔采用的是薄铝型材方管，其优点是耐用防蚀，适于野外观测使用。集沙仪的基本工作原理为：在风沙活动频繁期，将集沙仪放置于选定观测区域内，进沙口对准日常风向（即风沙流输移的方向），通过风沙活动典型时段观测，风沙流通过集沙仪进沙口将风蚀物带入集沙仪 24 个方孔内，气流通过集沙仪内的通气孔流向集沙仪外，而风蚀物就存留在集沙仪进沙方孔内。通过对典型时段进沙方孔收集风蚀物进行量测分析，可以观测不同植被区域的风沙输移情况。

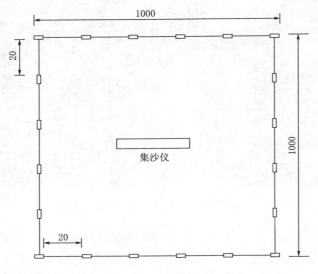

图 3.5　观测区集沙仪布置示意图（单位：cm）

　　（5）侵蚀厚度观测。侵蚀厚度的观测方法是：将试验区域 2.5m×2.5m 划分为 25 个 0.5m×0.5m 方格，在方格交点处插入带有刻度的钢钎，并对钢钎进行编号，试验区域钢钎分布见图 3.6。选择典型时段观测，量测不同时间段各钢钎的刻度变化值（即该时段的地表侵蚀厚度）。通过钢钎刻度变化值反映该区域该时段内的地表侵蚀厚度，可以分析研究地表泥沙在风力作用下的侵蚀规律和地表泥沙颗粒组成的变化。

　　（6）量水堰。为了对区域典型沟口进行测流堰径流泥沙观测，在芦草胡同小流域典型冲沟上安装了三角形薄壁量水堰，其结构见图 3.7，流量计算公式如下：

$$Q = \frac{4}{5} m_0 \sqrt{2g} \tan \frac{\theta}{2} H^{5/2}$$

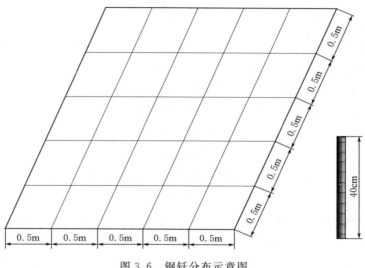

图 3.6　钢钎分布示意图

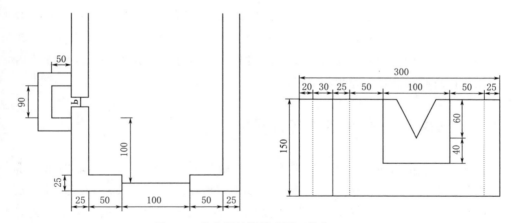

图 3.7　量水堰结构示意图（单位：cm）

3.2　主要观测指标

（1）气象。气象观测的内容主要包括风速、风向、温度、湿度、降雨量、辐射量等气象指标；通过气象站的监测，可以实时动态观测各项气象指标，并实时观看各指标的趋势图和风瑰图。

（2）风速。为分析研究风速的近地表垂直分布对土壤风蚀水蚀的形成和地表泥沙运动的影响，对不同地表性质的典型试验小区风速的垂向分布进行观测。在试验小区里，采用距地面 0.05m、0.25m、0.5m、1m 和 1.5m 等 5 个高度进行测量，得到风速的近地表空间垂直分布。观测的主要方法为：根据风沙活动情况，选择典型时间段，在试验小区内采用手持气象仪，对距地面不同 5 个高度的风速进行直接观测；同时，对不同垫面的风速廓线进行观测分析，并进行风速对大气悬浮颗粒物（TSP）影响的实验观测。

（3）侵蚀厚度。典型试验小区内侵蚀厚度的观测方法主要为：在选定的 2.5m×2.5m 观测小区域内划分 25 个 0.5m×0.5m 方格，在方格交点处插入带有刻度的钢钎，并对钢钎进行编号，观测小区内钢钎分布见图3.6。通过量测不同时间段各钢钎的刻度变化值，从而得到该时间段内的地表侵蚀厚度。

（4）区域输沙率。为分析研究示范区的风沙起动、扬起和输移规律，需对区域输沙率进行观测。观测方法主要为：采用集沙仪量测试验小区内风沙流中的泥沙输移量。根据风沙活动情况，选取典型时段进行观测，将每次所测方孔内泥沙分别放入编号塑料量杯，集中在实验室进行取样分析。

（5）产汇流及产沙。为了研究示范区内治理工程减少水蚀的效益，对区域典型沟口进行测流堰径流泥沙观测，观测的主要方法为：在芦草胡同小流域典型冲沟上，采用自记式水位计和量水堰对典型冲沟进行径流监测，并对堰体内的泥沙进行收集测量，作为相应径流情况下的产沙量。

3.3 气象资料观测结果与分析

通过对芦草胡同小流域气象观测点的系统监测，采集了大量可靠的第一手气象数据资料，主要包括风速（WS）、风向（WD）、温度（TP）、湿度（RH）、降雨量（RG）、辐射量（E20）等六项指标，为研究示范区域内风沙起动、扬起和输移规律等提供了丰富的实测资料和信息。

3.3.1 风速观测结果与分析

风是指空气的水平运动，空气的水平运动主要是由各地气压不同引起的，空气从高压流向低压就形成了风。风速则是指空气的水平运动速度。监测数据包括 2004—2007 年的风速变化情况，为了更好地从不同角度对风速影响的研究，绘制了风速随时间的变化趋势图（WS-T图），包括风速日均值随时间变化分布图（见图 3.8）和风速时均值随时间变化分布图（见图 3.9）。

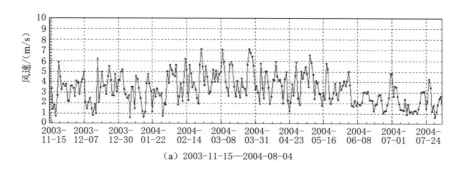

（a）2003-11-15—2004-08-04

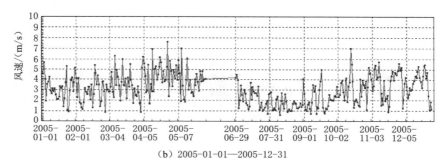

（b）2005-01-01—2005-12-31

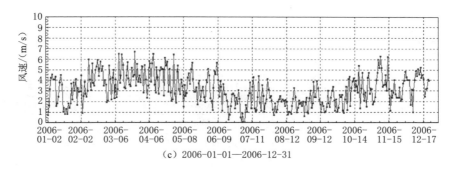

（c）2006-01-01—2006-12-31

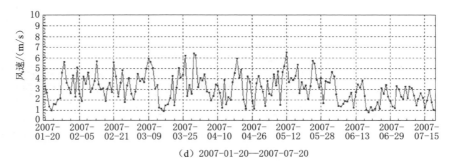

（d）2007-01-20—2007-07-20

图 3.8 风速日均值随时间变化分布图

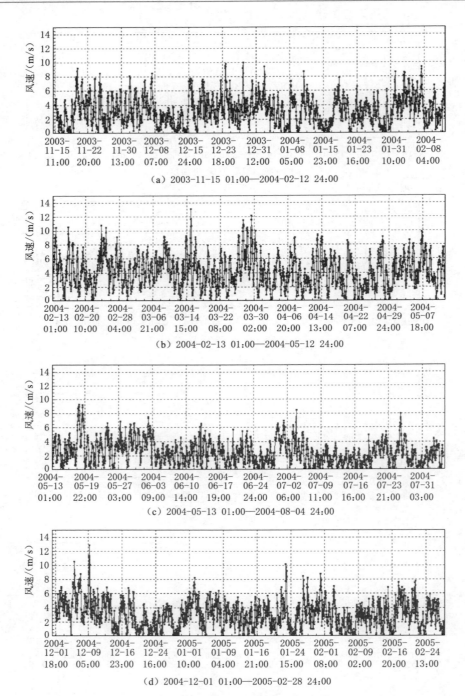

（a）2003-11-15 01:00—2004-02-12 24:00

（b）2004-02-13 01:00—2004-05-12 24:00

（c）2004-05-13 01:00—2004-08-04 24:00

（d）2004-12-01 01:00—2005-02-28 24:00

图 3.9（一） 风速时均值随时间变化分布图

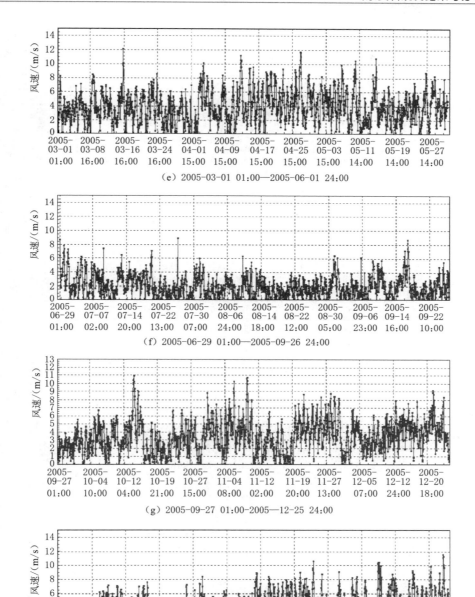

（e）2005-03-01 01:00—2005-06-01 24:00

（f）2005-06-29 01:00—2005-09-26 24:00

（g）2005-09-27 01:00-2005—12-25 24:00

（h）2005-12-26 01:00—2006-03-25 24:00

图 3.9（二） 风速时均值随时间变化分布图

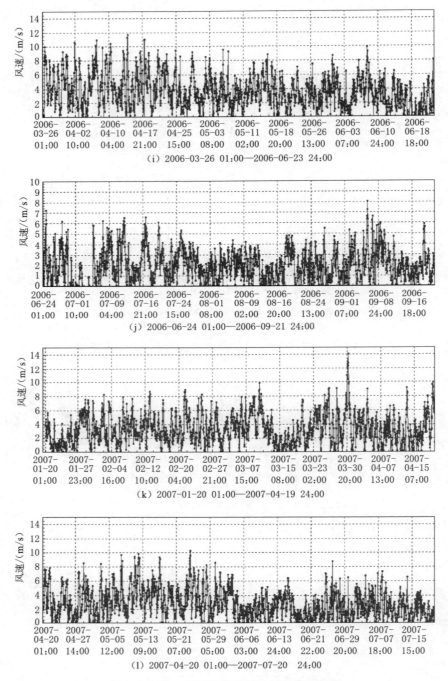

(i) 2006-03-26 01:00—2006-06-23 24:00

(j) 2006-06-24 01:00—2006-09-21 24:00

（k）2007-01-20 01:00—2007-04-19 24:00

（l）2007-04-20 01:00—2007-07-20 24:00

图 3.9（三） 风速时均值随时间变化分布图

由图 3.8 和图 3.9 可知，在 2004—2007 年观测期内：风速日均值最大约为 7.6m/s（相当于风力四级），最小约为 0.2m/s（相当于风力一级）；风速时均值最大约为 14.1m/s（相当于风力五级），最小约为 0。日均值和时均值随时间变化幅度都比较大，其中时均值随时间变化幅度更大些，这说明该区域风速随时间变化幅度和频率都比较大。

从图 3.8 中可以看出，日均值相对较大范围主要集中在每年的 3—5 月，其中 2004—2007 年最大值分别约为 7.1m/s、7.6m/s、6.8m/s、6.5m/s，其出现时间分别为 2004 年 3 月中下旬、2005 年 4 月中下旬、2006 年 3 月中下旬、2007 年 5 月上中旬；从图 3.9 中可以看出，时均值相对较大范围也主要集中在每年的 3—5 月，其中 2004—2007 年最大值分别约为 13.1m/s、12.1m/s、11.8m/s、14.1m/s，其出现时间分别为 2004 年 3 月中旬、2005 年 3 月中旬、2006 年 4 月上中旬、2007 年 4 月下旬；从风速月均值统计表（见表 3.1）可以看出，2004年 3—5 月、2005 年 4—6 月、2006 年 3—5 月、2007 年 3—5 月时段风速月均值相对其他月份明显较大些，因此在这个时段风沙颗粒更易于发生输移，这与以上日均值和时均值分析得出的结果是相一致的。

表 3.1 风速月均值统计表 单位：m/s

年份	1 月	2 月	3 月	4 月	5 月	6 月	7 月	8 月	9 月	10 月	11 月	12 月
2004	2.84	3.52	3.86	3.79	3.79	3.57	3.36	3.33				
2005	3.18	3.01	3.18	3.47	3.56	3.58	3.34	3.1	2.96	2.98	3.06	3.09
2006	2.67	3.3	3.66	3.82	3.75	3.56	3.34	3.13	3.02	3.02	3.06	3.11
2007	2.75	3.26	3.38	3.32	3.41	3.2	3.08					

从以上数据统计分析可以看出，风速在 2004—2007 年各年度同期观测数据变化规律基本相同，风速月均值、日均值和时均值都在 3—5 月时段相对其他月份时段较大些。较大的风速为土壤风蚀提供了巨大的动力，为地表泥沙颗粒的起动扬起提供了活动条件。而在现实情况中每年的 3—5 月正是沙尘扬起的多发时段，这说明观测数据资料所反映的情况与实际情况是相符的。

3.3.2 风向观测结果与分析

风向是随时间变化连续性较差的气象要素，常用风向频谱图（又称风玫瑰图）来表示其变化特性。监测数据包括 2004—2007 年的风向变化情况，为了更加直观地研究风向的相关影响情况，绘制了风向随时间的变化趋势图（WD-T图），包括风向日均值随时间变化分布图（见图 3.10）、风向时均值随时间变化分布图（见图 3.11）和风向日均值风玫瑰图（见图 3.12）。

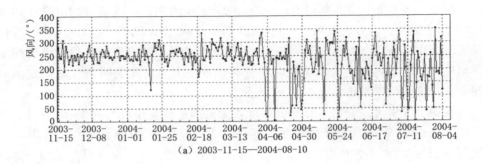

（a）2003-11-15—2004-08-10

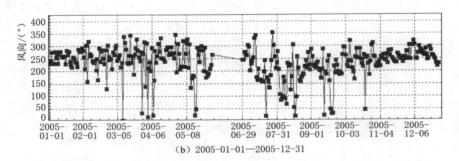

（b）2005-01-01—2005-12-31

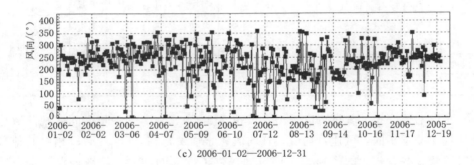

（c）2006-01-02—2006-12-31

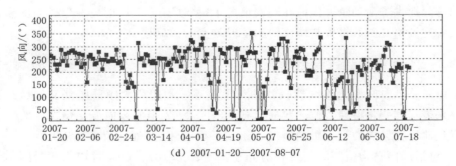

（d）2007-01-20—2007-08-07

图 3.10　风向日均值随时间变化分布图

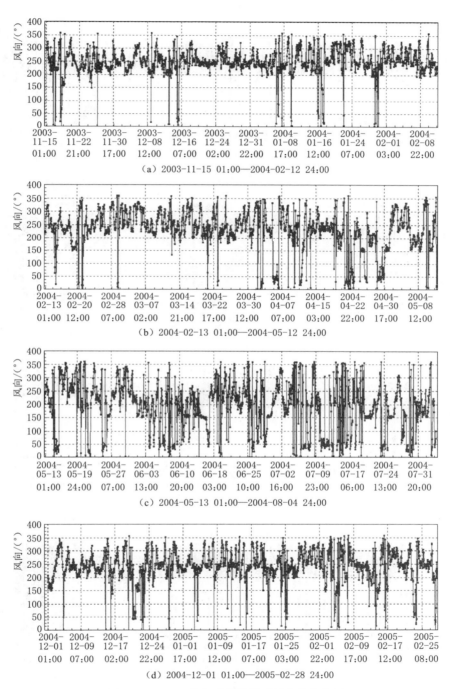

(a) 2003-11-15 01:00—2004-02-12 24:00

(b) 2004-02-13 01:00—2004-05-12 24:00

(c) 2004-05-13 01:00—2004-08-04 24:00

(d) 2004-12-01 01:00—2005-02-28 24:00

图 3.11（一） 风向时均值随时间变化分布图

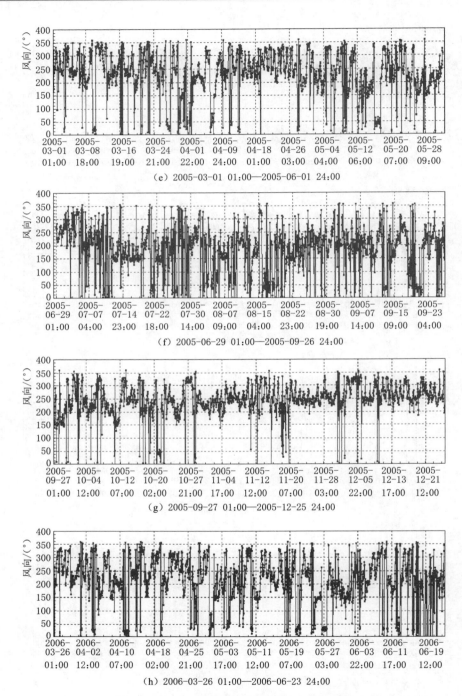

（e）2005-03-01 01:00—2005-06-01 24:00

（f）2005-06-29 01:00—2005-09-26 24:00

（g）2005-09-27 01:00—2005-12-25 24:00

（h）2006-03-26 01:00—2006-06-23 24:00

图 3.11（二） 风向时均值随时间变化分布图

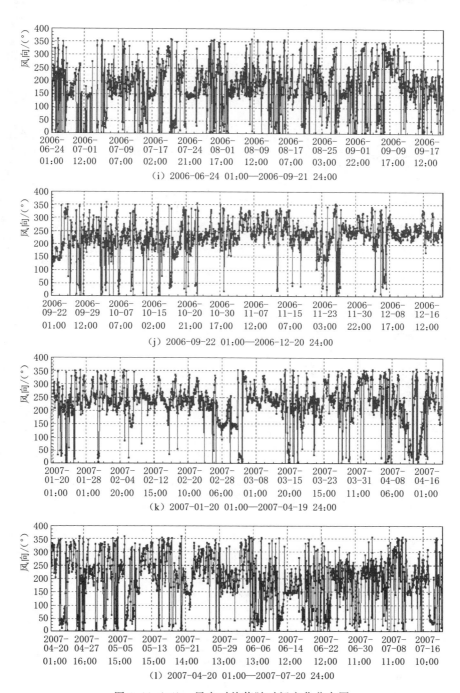

(i) 2006-06-24 01:00—2006-09-21 24:00

(j) 2006-09-22 01:00—2006-12-20 24:00

（k）2007-01-20 01:00—2007-04-19 24:00

（l）2007-04-20 01:00—2007-07-20 24:00

图 3.11（三） 风向时均值随时间变化分布图

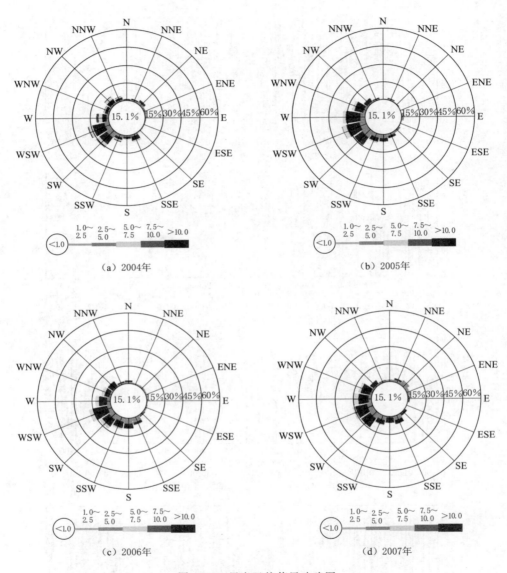

（a）2004年　　　　　　　　　　　　　　（b）2005年

（c）2006年　　　　　　　　　　　　　　（d）2007年

图 3.12　风向日均值风玫瑰图

由图 3.10 和图 3.11 可以看出，在 2004—2007 年近 4 年的观测期内：风向日均值最大约为 350°，最小约为 0°；风向时均值最大约为 360°，最小约为 0°。日均值和时均值随时间变化幅度都比较大，其中时均值随时间变化幅度稍大些，这说明该区域风向随时间变化幅度和频率都比较大；风向日均值多集中在 180°～270°，风向为西南风。从风向月均值统计表（见表 3.2）可以看出，风向月均值比较稳定，其变化幅度非常小，基本上处于 240°～260°的区间小幅波动，这说明风向值按月份统计总体上变化较小，趋于相对稳定位置；根据月均值统计情况判定风向为西南风，这与前面根据日均值统计情况判定的风向是相一致的。

表 3.2　　　　　　　　风 向 月 均 值 统 计 表　　　　　　单位：(°)

年份	1 月	2 月	3 月	4 月	5 月	6 月	7 月	8 月	9 月	10 月	11 月	12 月
2004	253.71	253.88	255.04	255.69	257.1	251.24	250.22	249.43				
2005	255.59	253.73	259.55	262.61	258.93	258.75	254.79	248.87	245.24	245.98	246.56	249.16
2006	236.72	246.23	254.23	257.88	253.89	253.35	250.63	243.91	241.06	240	241.41	242.33
2007	256.3	247.12	246.23	255.16	257.43	252.15	249.54					

从以上数据统计分析可以看出，风向在 2004—2007 年各年度同期观测数据变化规律基本相同，日均值和时均值随时间变化幅度都比较大，其中时均值随时间变化幅度稍大些，风向日均值多集中在 180°～270°，判定风向为西南风；而月均值随时间变化比较稳定，其变化幅度非常小，基本上处于 240°～260°，判定风向也为西南风。

然而当地实际情况和实际经验表明，观测区域风向多为西北风向。经过多方仔细调查研究发现，导致这种观测与实际情况有偏差的现象是由于该区域的地理位置所造成的。该观测点区域四面环山，风通过风口进入该区域，遇上南面的环山阻挡风向发生改变而折向西南方向，以致气象观测点观测到的风向为西南风向。

3.3.3　温度观测结果与分析

空气温度是随时间连续变化的气象要素。监测数据包括 2004—2007 年的温度变化情况，为了更加直观地研究温度的相关影响情况，绘制了温度随时间的变化趋势图，包括温度日均值随时间变化分布图（见图 3.13）和温度时均值随时间变化分布图（见图 3.14）。

由图 3.13 和图 3.14 可以看出，日均值最大约为 26℃，最小约为 −26℃；时均值最大约为 33℃，最小约为 −33℃。日均值和时均值随时间变化幅度都比较大，其中时均值随时间变化幅度更大些，这说明该区域风速随时间变化幅度和频率都比较大。从图 3.13 中可以看出，每年度的日均值从 1—7 月为逐渐缓慢

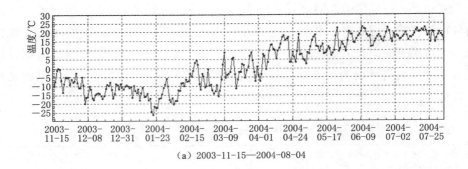

（a）2003-11-15—2004-08-04

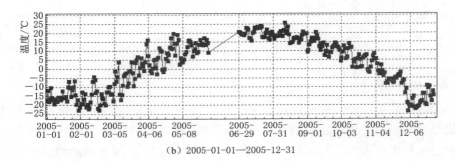

（b）2005-01-01—2005-12-31

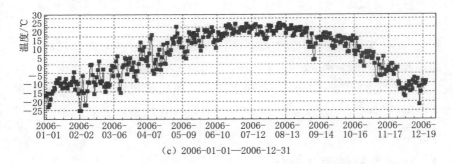

（c）2006-01-01—2006-12-31

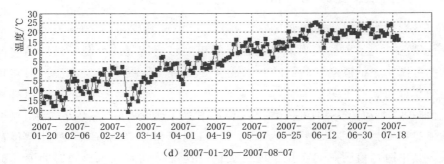

（d）2007-01-20—2007-08-07

图 3.13　温度日均值随时间变化分布图

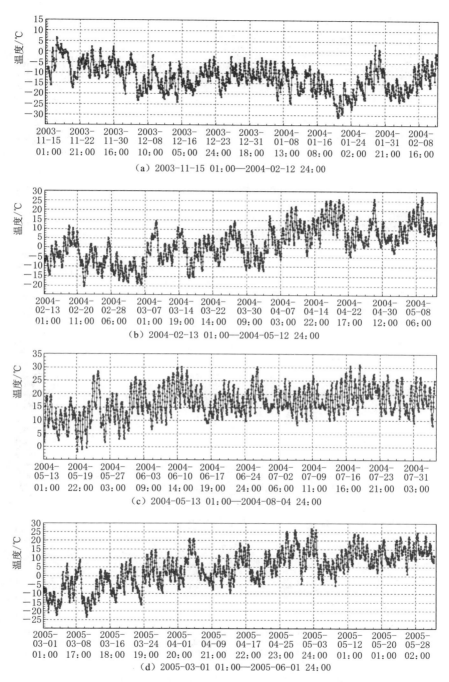

图 3.14（一） 温度时均值随时间变化分布图

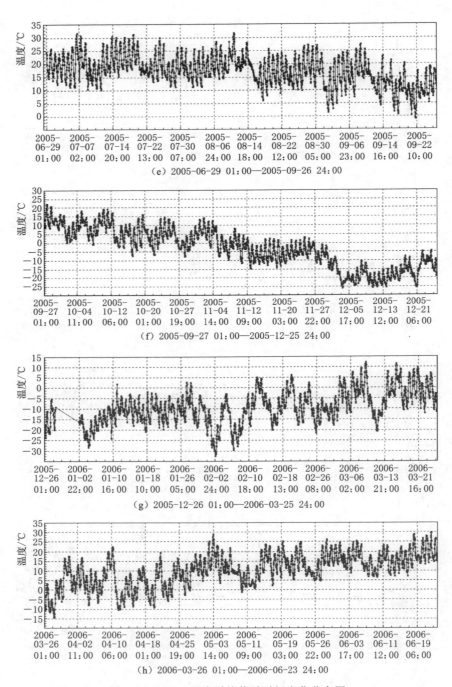

图 3.14（二）　温度时均值随时间变化分布图

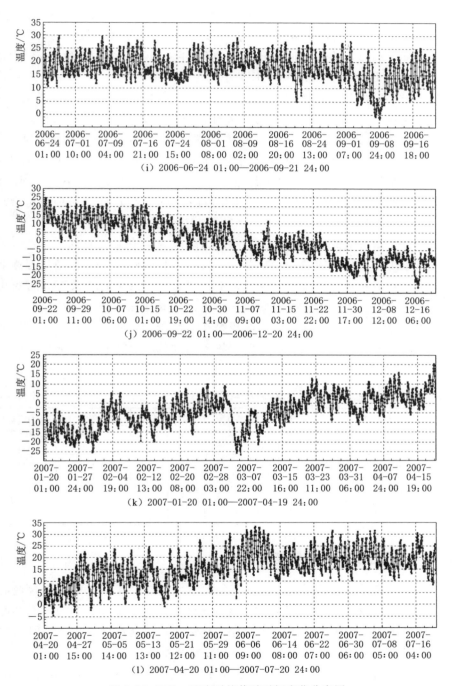

图 3.14（三） 温度时均值随时间变化分布图

上升趋势，到 7 月为温度的最高值时段，然后从 7—12 月为逐渐缓慢下降趋势，形成这样一个先升后降的变化曲线；其中 2004—2007 年最大值分别约为 24℃、26℃、23℃、25℃，其出现时间分别为 2004 年 6 月上中旬、2005 年 8 月上中旬、2006 年 7 月中旬、2007 年 6 月上中旬；最小值分别约为 −26℃、−25℃、−25℃、−20℃，其出现时间分别为 2004 年 1 月中下旬、2005 年 12 月上旬、2006 年 2 月上旬、2007 年 1 月下旬。从图 3.14 中可以看出，时均值相对较大范围也主要集中在每年的 6—8 月，其中 2004—2007 年最大值分别约为 31℃、32℃、30℃、33℃，其出现时间分别为 2004 年 7 月中旬、2005 年 7 月上旬、2006 年 6 月中下旬、2007 年 6 月上中旬；2004—2007 年最小值分别约为 −31℃、−28℃、−33℃、−27℃，出现时间分别为 2004 年 1 月中下旬、2005 年 2 月上中旬、2006 年 2 月上旬、2007 年 3 月上旬。

从温度月均值统计表（见表 3.3）可以看出，温度值从 1 月到 7 月是持续升高的，其中 1—5 月月均值都在 0℃ 以下，到 6 月才升到 0℃ 以上，且气温逐渐回暖升高。日均值和时均值随时间变化幅度都比较大，其中时均值随时间变化幅度更大些，这说明该区域早晚温差很大，冬季气温很低，并在一月中下旬达到全年气温最低。这与风沙活动频繁时段是相一致的，说明气温升高后，土壤颗粒逐渐解冻，随着风力的吹蚀，土壤颗粒较温度低时（特别是冬季气温一直在 0℃ 以下）更易于发生输移。

表 3.3   温 度 月 均 值 统 计 表   单位：℃

年份	1 月	2 月	3 月	4 月	5 月	6 月	7 月	8 月	9 月	10 月	11 月	12 月
2004	−14.49	−11.64	−8.67	−4.43	−1.23	1.9	4.34	4.59				
2005	−14.94	−15.4	−11.69	−7.2	−3.33	−2.93	0.93	3.47	4.63	4.78	4.03	2.28
2006	−12.3	−11.79	−8.57	−5.22	−1.47	1.58	4.1	5.99	6.76	6.98	6.01	4.89
2007	−14.61	−8.11	−6.02	−2.81	0.89	4.39	6.17					

3.3.4 空气湿度观测结果与分析

空气湿度是说明大气干湿程度的气象要素，它取决于空气中水汽含量的多少。监测数据包括 2004—2007 年的湿度变化情况，为了更加直观地研究湿度的相关影响情况，绘制了湿度随时间的变化趋势图，包括湿度日均值随时间变化分布图（见图 3.15）和湿度时均值随时间变化分布图（见图 3.16）。

由图 3.15 和图 3.16 可以看出，湿度日均值最大约为 99%，最小约为 10%；湿度时均值最大约为 100%，最小约为 6%。日均值和时均值随时间变化幅度都

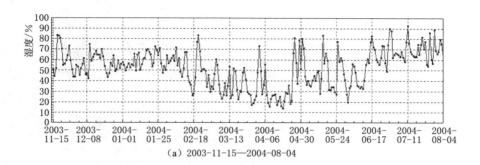

（a）2003-11-15—2004-08-04

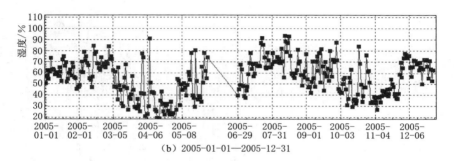

（b）2005-01-01—2005-12-31

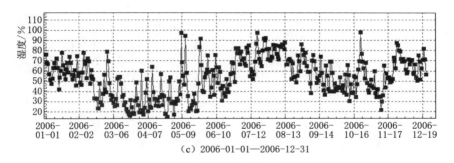

（c）2006-01-01—2006-12-31

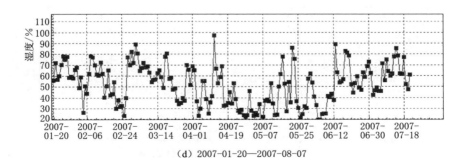

（d）2007-01-20—2007-08-07

图 3.15　湿度日均值随时间变化分布图

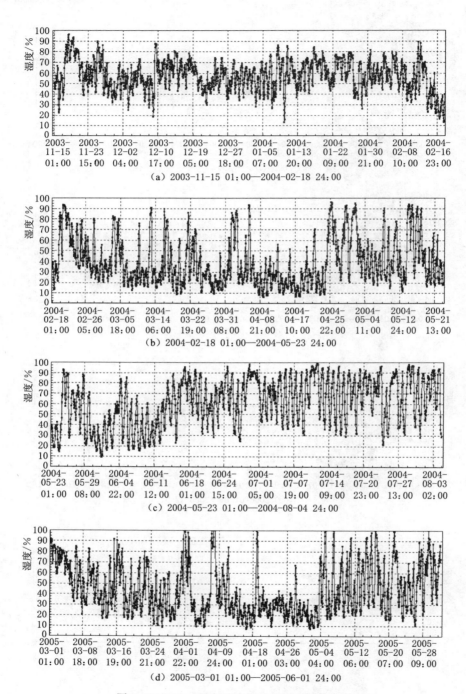

(a) 2003-11-15 01:00—2004-02-18 24:00

(b) 2004-02-18 01:00—2004-05-23 24:00

(c) 2004-05-23 01:00—2004-08-04 24:00

(d) 2005-03-01 01:00—2005-06-01 24:00

图 3.16（一） 湿度时均值随时间变化分布图

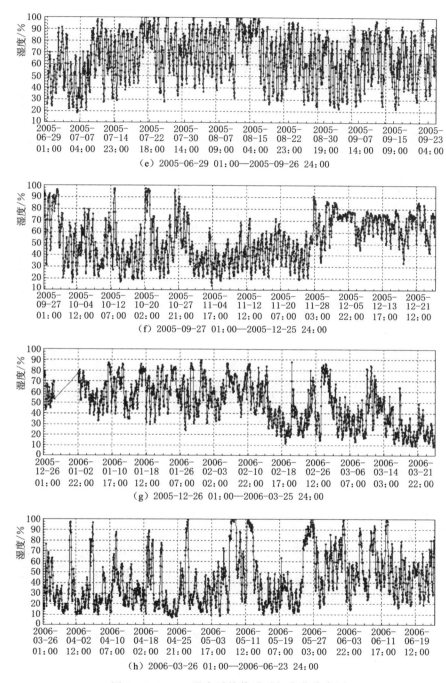

（e）2005-06-29 01:00—2005-09-26 24:00

（f）2005-09-27 01:00—2005-12-25 24:00

（g）2005-12-26 01:00—2006-03-25 24:00

（h）2006-03-26 01:00—2006-06-23 24:00

图 3.16（二） 湿度时均值随时间变化分布图

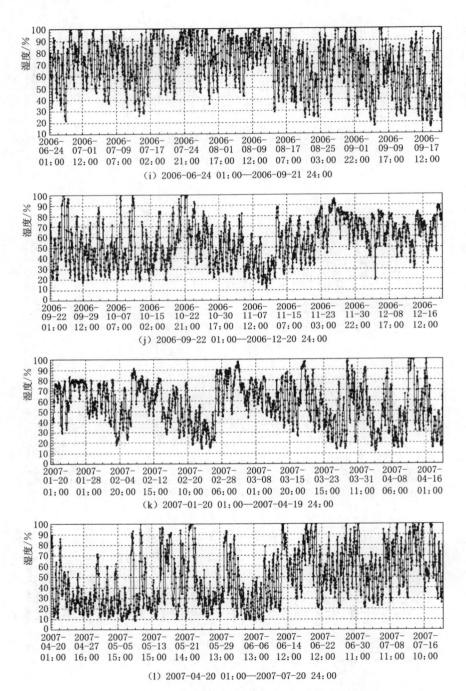

（i）2006-06-24 01:00—2006-09-21 24:00

（j）2006-09-22 01:00—2006-12-20 24:00

（k）2007-01-20 01:00—2007-04-19 24:00

（l）2007-04-20 01:00—2007-07-20 24:00

图 3.16（三） 湿度时均值随时间变化分布图

比较大，其中时均值随时间变化幅度更大些，这说明该区域湿度随时间变化幅度和频率都比较大。从图 3.15 中可以看出，日均值较大值主要集中在每年的 6—8 月，日均值较小值主要集中在每年的 3—5 月；其中 2004—2007 年最大值分别约为 92%、93%、99%、98%，其出现时间分别为 2004 年 7 月上中旬、2005 年 8 月上中旬、2006 年 7 月中旬、2007 年 4 月上中旬；最小值分别约为 12%、19%、14%、20%，其出现时间分别为 2004 年 4 月上中旬、2005 年 4 月上中旬、2006 年 4 月中下旬、2007 年 5 月中下旬。从图 3.16 中可以看出，时均值较大值主要集中在每年的 6—8 月，时均值较小值主要集中在每年的 3—5 月；其中 2004—2007 年最大值分别约为 100%、100%、100%、100%，其出现时间分别为 2004 年 7 月上中旬、2005 年 8 月上旬、2006 年 7 月中下旬、2007 年 7 月上中旬；2004—2007 年最小值分别约为 7%、8%、8%、9%，其出现时间分别为 2004 年 4 月上中旬、2005 年 4 月中下旬、2006 年 4 月中下旬、2007 年 5 月上旬。

从湿度月均值统计表（见表 3.4）可以看出，湿度月均值都是从 1 月开始先逐渐减小，至 4 月最小后开始逐渐增大。2004—2007 年湿度月均值均为在 3—5 月时段相对较小，且大部分在 50% 以下，即该时段空气湿度较小，土壤沙层也会相应地较为干燥，较易于在风力作用下发生输移活动，导致沙尘扬起的几率也会增大。

表 3.4　　　　　　　　湿 度 月 均 值 统 计 表　　　　　　　　%

年份	1月	2月	3月	4月	5月	6月	7月	8月	9月	10月	11月	12月
2004	59.41	56.07	48.72	45.49	45.83	47.49	50.56	50.97				
2005	60.17	62.87	57.4	51.66	50.76	50.8	53.11	55.49	56.45	55.46	54.21	55.33
2006	61.2	55.75	47.85	44.17	44.33	46.14	50.25	53.1	53.35	53.17	53.26	53.97
2007	65.63	56.62	58.24	53.72	50.46	50.58	51.79					

3.3.5　辐射量观测结果与分析

辐射量是说明大气接收外界辐射所吸收的能量的气象要素，它主要取决于太阳辐射强度的大小和持续时间的长短。监测数据包括 2004—2007 年的辐射量变化情况，为了更加直观地研究辐射量的相关影响情况，绘制了辐射量随时间的变化趋势图，包括辐射量日均值随时间变化分布图（见图 3.17）和辐射量时均值随时间变化分布图（见图 3.18）。

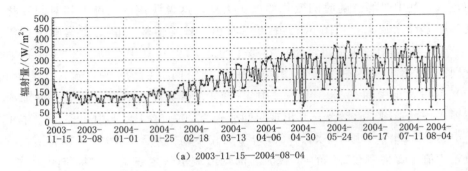

（a）2003-11-15—2004-08-04

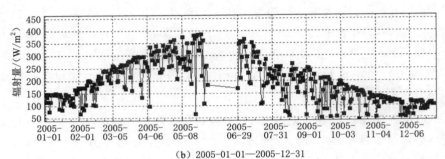

（b）2005-01-01—2005-12-31

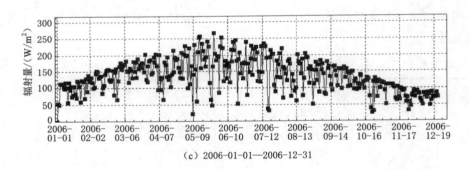

（c）2006-01-01—2006-12-31

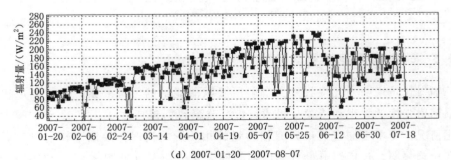

（d）2007-01-20—2007-08-07

图 3.17　辐射量日均值随时间变化分布图

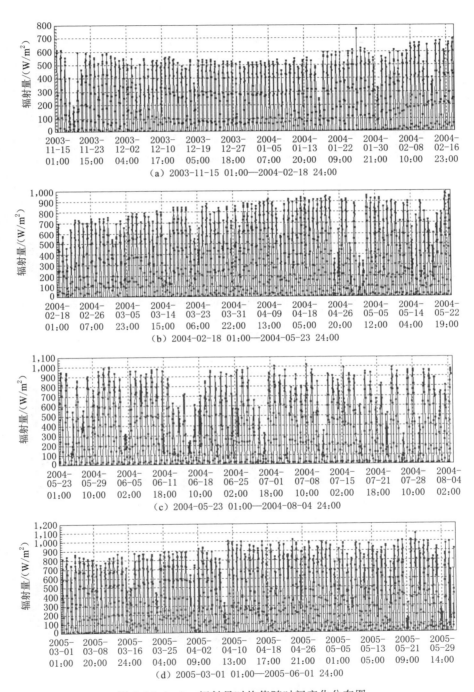

图 3.18（一）　辐射量时均值随时间变化分布图

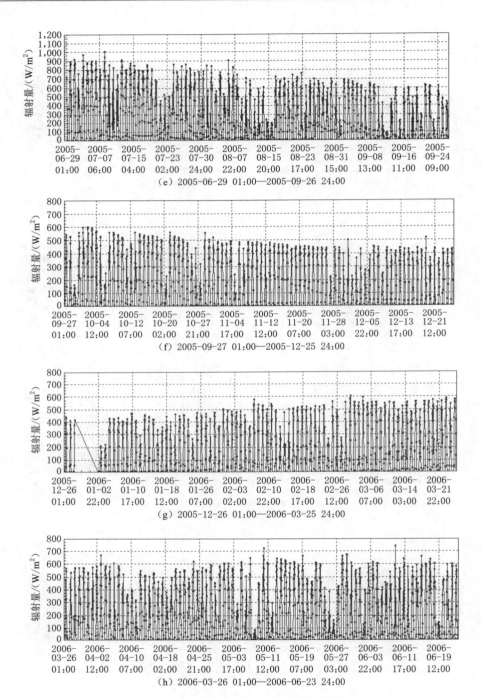

图 3.18（二）　辐射量时均值随时间变化分布图

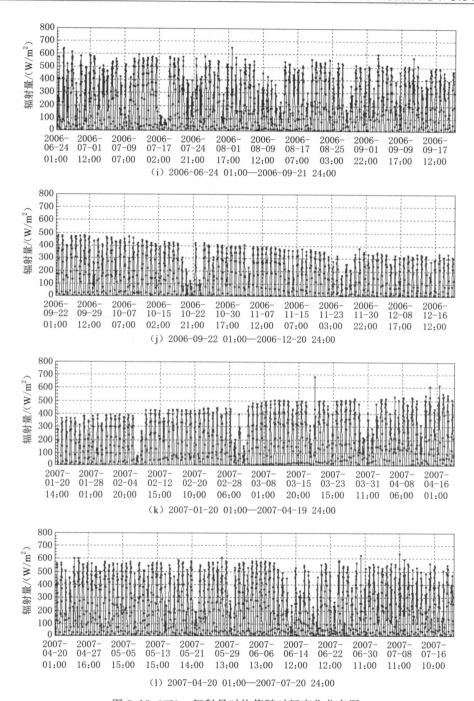

图 3.18（三） 辐射量时均值随时间变化分布图

由图 3.17 和图 3.18 可以看出，辐射量日均值最大约为 390W/m²，最小约为 20W/m²；辐射量时均值最大约为 1100W/m²，最小约为 0。日均值和时均值随时间变化幅度都较大，其中时均值随时间变化幅度更大些，这说明该区域辐射量随时间变化幅度和频率都比较大。从图 3.17 中可以明显看出，每年度的日均值从 1—6 月为逐渐上升趋势，到 6 月为辐射量的最高值时段，然后从 6—12 月为逐渐下降趋势；其中最大值分别约为 375W/m²、390W/m²、270W/m²、240W/m²，其出现时间分别为 2004 年 6 月上旬、2005 年 5 月中下旬、2006 年 5 月中下旬、2007 年 6 月上旬；最小值分别约为 55W/m²、45W/m²、20W/m²、40W/m²，其出现时间分别为 2004 年 1 月中下旬、2005 年 10 月中下旬、2006 年 5 月上旬、2007 年 3 月上旬。从图 3.18 中可以看出，最大值分别约为 1000W/m²、1100W/m²、750W/m²、690W/m²，其出现时间分别为 2004 年 7 月上旬、2005 年 5 月下旬、2006 年 6 月上旬、2007 年 3 月中下旬；2004—2007 年最小值分别均约为 0。

从辐射量月均值统计表（见表 3.5）可以看出，辐射量月均值从 1—7 月持续增大，然后从 7—12 月逐渐减小，但增加或减小的变化幅度不大，其变化规律与同期气温值变化趋势基本相同。这说明辐射量值和气温值的变化趋势基本一致，辐射量值与气温值具有较好的正相关关系。

表 3.5　　　　　　　　　　　　　　辐射量月均值统计表　　　　　　　　　单位：W/m²

年份	1 月	2 月	3 月	4 月	5 月	6 月	7 月	8 月	9 月	10 月	11 月	12 月
2004	129.41	146.54	169.23	193.61	207.13	214.24	223.43	224.93				
2005	130.81	151.84	183.61	207.87	225.43	225.58	231.04	225.5	216.04	207.39	198.2	189.58
2006	94.7	110.14	127.97	135.18	143.43	148.42	151.35	150.42	149.18	144.97	139.68	135.71
2007	88.57	104.46	116.67	128.44	139.27	143.17	145.45					

3.3.6　降雨量观测结果与分析

降雨量是随时间变化不连续的气象要素，主要取决于该区域降雨的频率、强弱和时间。监测数据包括 2004—2007 年的降雨量，为了更加直观地研究降雨量的相关影响情况，对降雨量随时间的变化趋势进行了分析，包括降雨量日均值随时间变化分布情况（见图 3.19）和降雨量时均值随时间变化分布情况（见图 3.20～图 3.23），并统计了降雨量月均值分布情况（见表 3.6）。

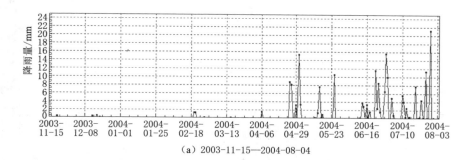

(a) 2003-11-15—2004-08-04

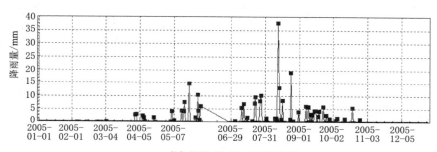

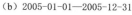

(b) 2005-01-01—2005-12-31

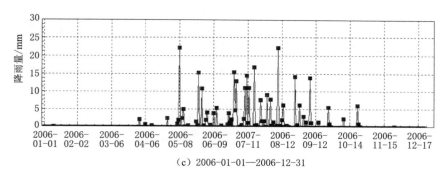

(c) 2006-01-01—2006-12-31

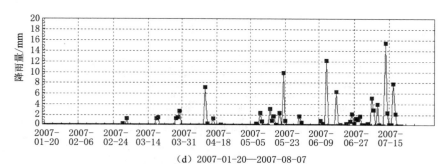

(d) 2007-01-20—2007-08-07

图 3.19 降雨量日均值随时间变化分布图

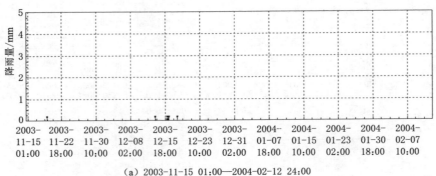

（a）2003-11-15 01:00—2004-02-12 24:00

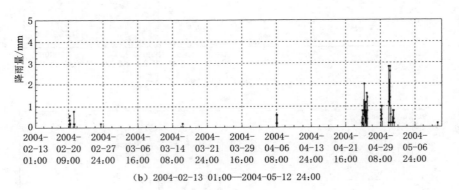

（b）2004-02-13 01:00—2004-05-12 24:00

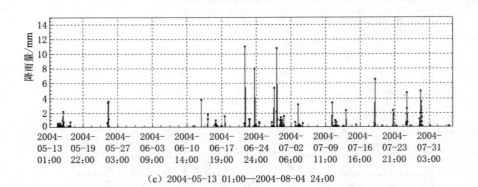

（c）2004-05-13 01:00—2004-08-04 24:00

图 3.20　2004 年降雨量时均值随时间变化分布图

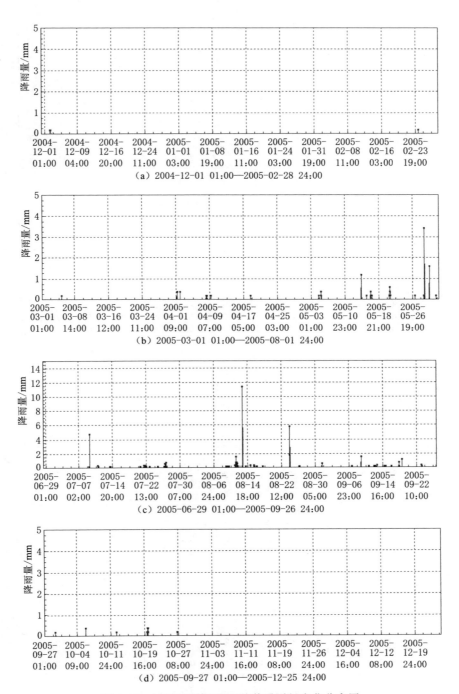

图 3.21　2005 年降雨量时均值随时间变化分布图

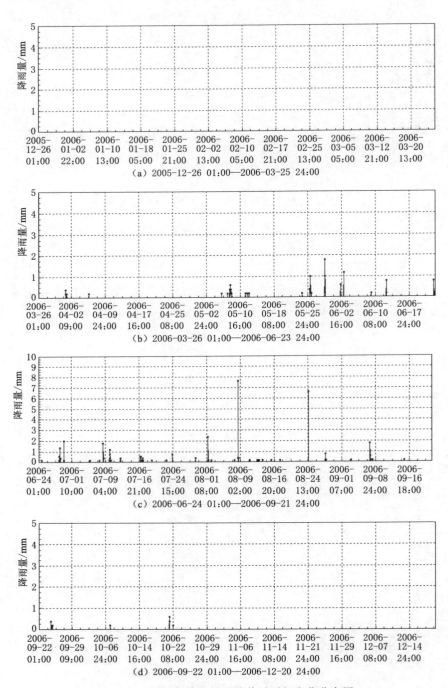

图 3.22　2006 年降雨量时均值随时间变化分布图

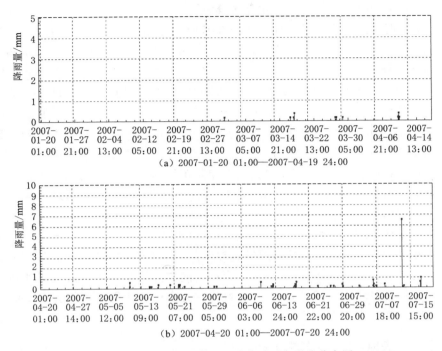

图 3.23　2007 年降雨量时均值随时间变化分布图

表 3.6 　　　　　　　　　　　　**降雨量月均值统计表** 　　　　　　　　单位：mm

年份	1 月	2 月	3 月	4 月	5 月	6 月	7 月	8 月	9 月	10 月	11 月	12 月
2004	0	3	3.2	25	64.8	133.6	198	198.2				
2005	0	0.8	1.2	14.6	68.6	74.8	126.6	218.2	65.3	26.2	15.5	10.1
2006	0.2	0.3	0.2	6.2	68	127	206.4	270	45.5	20.2	12.2	6.7
2007	0.3	0.5	0.8	11.3	58.7	87.2	175.5	203.2	36.8	19.3	10.7	3.5

　　根据对采集数据的统计分析，降雨量日均值最大约为 37mm，最小为 0mm；降雨量时均值最大约为 11.5mm，最小约为 0；日均值和时均值随时间变化分布较为零星散乱，较大值集中在每年的 6—8 月，说明该区域降雨量总体上偏少且时空分布较不均匀。该区域月平均降雨量大约 56mm，每年约 70% 的降雨量发生在 6—8 月，根据小流域降雨历时较短、雨量较为集中的特点，少量但较为集中的降雨可能会在小流域内产生较大程度的水蚀影响，而沙尘易发期的 2—5 月的降雨量仅占全年降雨量约 13%，较小的降雨量对风蚀和沙尘的抑制作用相对较弱。

　　由图 3.19～图 3.23 可以看出，在 2004—2007 年的观测期内：降雨量日均值最大约为 37mm，最小约为 0；降雨量时均值最大约为 11.5mm，最小约为 0。日均值和时均值随时间变化分布较为零星散乱，较大值集中在每年的 6—8 月，这说明该区域降雨量总体上为偏少且时空分布较不均匀。从图 3.19 中可以看出，2004—2007 年最大值分别约为 21mm、37mm、22mm、15.8mm，其出现时间分别为 2004 年 8 月上旬、2005 年 8 月中旬、2006 年 8 月上旬、2007 年 7 月上中旬；最小值分别均约为 0。从图 3.20 中可以看出，2004—2007 年最大值分别约为 11mm、11.8mm、7.7mm、6.5mm，其出现时间分别为 2004 年 6 月中下旬、2005 年 8 月上中旬、2006 年 8 月上旬、2007 年月 7 上中旬；最小值分别均约为 0。从表 3.6 中可以看出，每年约 70% 的降雨量发生在 6—8 月，而沙尘易发期的 2—5 月的降雨量仅占全年降雨量约 13%。这与以上根据日均值和时均值随时间变化分析得出的结果相一致，该区域每年约 70% 以上降雨量发生在 6—8 月，雨量较为集中。

从以上数据统计分析可以看出，该区域月平均降雨量大约 56mm，降雨量主要集中在 6—8 月，而 1—4 月降雨量非常少；根据小流域降雨历时较短、雨量较为集中的特点，且该区域在 2—5 月沙尘易发期的降雨量很小，其对风蚀和沙尘的抑制作用相对较弱；同时 6—8 月少量但较为集中的降雨则可能会在小流域内产生一定程度的水蚀影响。

3.3.7　气象观测综合影响分析

综合分析以上各气象因素观测结果可以看出，示范区在历年风沙活动较为集中的 3—5 月，风速相对较大，为土壤颗粒的起动输移提供了较强的动力条件；风向相对稳定，使土壤沙粒在风力的推动下向一个相对稳定的方向输移，从而导致风蚀明显；湿度相对较小，为土壤沙尘提供干燥的外界环境，使得土壤颗粒更易于起动输移；降雨量很小，几乎为 0，没有发挥降雨的固土固尘作用，使土壤沙尘颗粒更易于发生起动输移。由此可以看出，示范区域的一系列气象因素均为土壤沙尘的起动输移提供了有利的外部条件，使得该区域该时段更易于发生沙尘天气，这与实际沙尘易发期是相一致的。在降雨较为集中的 6—8 月，降雨具有历时较短、较为集中的特征，示范区三面环山的地形特点，容易导致局部水量集中，从而在植被薄弱、土质疏松的地方产生明显的水蚀沟。

3.4　不同下垫面风速分布特点与分析

3.4.1　不同下垫面风速的垂直分布特点

通过选取典型时段，用手持气象仪量测试验小区不同下垫面条件下距地面不同高度（分别为距地面 5cm、25cm、50cm、100cm 和 150cm）的风速分布。对采集数据进行初步分析可以看出，在高效农田、灌木林地和草地三个观测点中，高效农田平均风速最大，草地风速次之，灌木林地风速最小；从单个观测点看，垂直分布点有 5 个，基本规律是自下而上风速逐渐增加，而且越往上层风速增加的幅度越减小。不同观测点的风速极值统计结果见表 3.7。由表可见：0 号风口处风速最大达到 11.2m/s，1 号高效农田处风速最大达到 9.3m/s，2 号灌木林地处风速最大达到 7.2m/s，3 号草地处风速最大达到 8.9m/s。

表 3.7　　　　　　　　　　不同观测点的风速极值统计表　　　　　　　　单位：m/s

距地面高度		5cm	25cm	50cm	100cm	150cm
0 号（风口）	最大值	8	9.5	9.8	10.9	11.2
	最小值	0.5	0.7	0.9	1.2	2
1 号（高效农田）	最大值	4.4	6.5	7	8	9.3
	最小值	1	1.2	1.3	1.6	1
2 号（灌木林地）	最大值	4.2	4.4	4.8	6.8	7.2
	最小值	0.4	0.7	0.9	1.2	1.4
3 号（草地）	最大值	5.7	6	8.2	8.7	8.9
	最小值	0.7	1	1.1	1.5	2.2

耕作后的高效农田、退耕后自然恢复的禾本科草地和人工恢复的灌木林地等三种下垫面条件的近地表风速变化趋势见表 3.8 和图 3.24。从图表中可以看出，三种不同下垫面的近地风速随高度增加均呈递增趋势，但递增的速度不同；草地下垫面因植被覆盖度大（60%～70%），且测量时禾本科牧草的平均高度为 10cm 左右，因此在 10cm 以下风速增长缓慢，与其他两种下垫面相同高度处的风速值相比最小，说明草地下垫面对近地表风速的减弱效果最好；随着高度的增加，在 20～30cm 的高度上，灌木林地下垫面的防风效果比较明显，表 3.9 中植被调查的数据也显示，灌木林地中生长的沙棘、柠条、油松的平均有效高度分别为 40.60cm、22.19cm 和 11.50cm，它们对风速的有效作用高度集中在 10～40cm，因此在该高度上灌木林地下垫面的风速值最小；在距地表 50cm 以上的高度，由于没有植被的有效阻挡，三种下垫面的风速值差别不大。

表 3.8　　　　　　　　　　三种下垫面的风速垂直分布统计表

垂直高度/cm	2.5	5	10	20	30	50	100	150
高效农田下垫面风速分布/（m/s）	3	3.2	3.8	4.2	5.1	6.2	6.7	7.9
草地下垫面风速分布/（m/s）	0.3	1	1.2	3.2	4.4	6.1	6.5	7.7
灌木林地下垫面风速分布/（m/s）	1	1.4	2	2.9	3.5	6.2	6.4	7.8

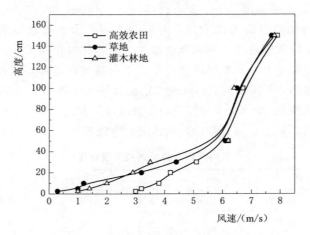

图 3.24　三种下垫面的风速垂向分布图

表 3.9　　　　　　　　　　　　　　　灌木林地植被调查结果统计表

植被 种类	样本数 /个	最大株高 /cm	最小株高 /cm	平均株高 /cm	最大有效株高 /cm	最小有效株高 /cm	平均有效株高 /cm
沙棘	58	107	26	59.55	85	10	40.6
柠条	37	64	20	38.32	46	4	22.19
油松	18	47	19	32.78	23	6	11.5

注　灌木林地样方尺寸为 15m×15m，且样方中有自然生长的禾本科杂草，平均高度约为 30cm。

3.4.2　自然恢复草地和人工种植草地的垂向风速分布特点

在示范区分别观测了退耕后自然恢复的禾本科草地、人工种植的中密度苜蓿地和高密度苜蓿地近地表风速的变化趋势，观测结果见表 3.10 和图 3.25。三种草地近地表的风速廓线比较相似，均是随高度增加而递增的趋势，但在距地表 10cm 以下，人工种植的苜蓿地的风速值明显小于自然恢复的禾本科草地；近地表风速的减小有利于对地表的保护和减少风蚀的发生，因此人工种植的苜蓿地更有利于对地表的保护。

表 3.10　　　　　　　　　　　　三种草地的风速垂向分布统计表

垂直高度/cm	2.5	5	10	20	30	50	100
自然恢复草地风速分布/(m/s)	1	1.4	1.9	2.7	3.3	3.6	4.9
中密度苜蓿地风速分布/(m/s)	0.6	0.9	1.6	2.6	3.3	4	4.5
高密度苜蓿地风速分布/(m/s)	0.5	1.1	1.6	2.7	3.4	3.7	4.2

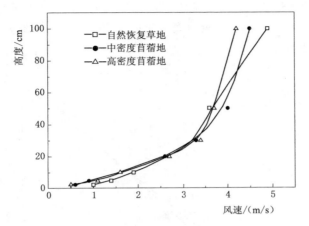

图 3.25　三种草地的风速垂向分布图

苜蓿地植被调查统计见表 3.11。对比分析可知：中密度种植的苜蓿和高密度种植的苜蓿平均株高分别为 14.89cm 和 10.06cm，每平方米的鲜草产量分别为 502.17g 和 278.76g，在两种苜蓿地防风效果差别不大的情况下，中密度苜蓿的株高和鲜草产量均明显高于高密度苜蓿，种植中密度苜蓿更经济实用。

表 3.11　　　　　　　　　　　苜蓿地植被调查统计表

调查地点	最大株高 /cm	平均株高 /cm	平均行距 /cm	平均带宽 /cm	耕作列数 /(列/10m)	每平方米样方鲜草重量/g
中密度苜蓿地样方	20	14.89	34.78	22.65	29.76	502.17
高密度苜蓿地样方	12	10.06	30.12	18.77	34.2	278.76

注　自然恢复的草地以禾本科牧草为主，平均株高 18.45cm，每平方米鲜草重 252.68g。

3.4.3　不同性质下垫面的粗糙度对比分析

空气动力学粗糙度是表征下垫面粗糙特征的一个物理量，它表示下垫面风速为零的高度。空气动力学粗糙度越大，表明地表粗糙元对地表的保护作用越好。为了提高粗糙度 z_0 计算的精确性，采用 Wiggs 等的方法，将风速廓线测定结果应用最小二乘法做相关分析，拟合方程为

$$U_z = a + b\ln z$$

令 $U_z = 0$，则可方便地求出 z_0：

$$z_0 = \exp(-a/b)$$

式中：U_z 为高度为 z 处的风速值；z_0 为空气动力学粗糙度。

由此可知，将图 3.24 和图 3.25 的风速廓线按以上方法进行拟合计算，分别

得到三种下垫面近地表风速拟合曲线（见图 3.26）、三种下垫面的空气动力学粗糙度（见表 3.12）和三种草地近地表风速拟合曲线（见图 3.27）。三种草地的空气动力学粗糙度见表 3.11。

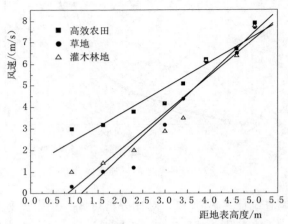

图 3.26　三种下垫面近地表风速拟合曲线

表 3.12　　　　　　　　　　三种下垫面的空气动力学粗糙度

下垫面类型	拟　合　方　程	a 值	b 值	粗糙度/cm
高效农田	$U_z = 1.2022\ln z + 1.2926$ $R^2 = 0.9368$	1.2926	1.2022	0.3412
草地	$U_z = 1.9238\ln z - 2.1525$ $R^2 = 0.9562$	-2.1525	1.9238	3.0614
灌木林地	$U_z = 1.7227\ln z - 1.4303$ $R^2 = 0.9192$	-1.4303	1.7227	2.2939

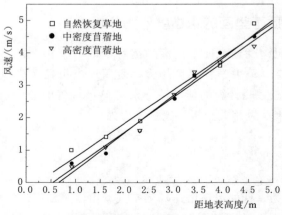

图 3.27　三种草地近地表风速拟合曲线

示范区不同性质下垫面的空气动力学粗糙度计算值见表 3.12，耕作后的高效农田、退耕后自然恢复的禾本科草地和人工恢复的灌木林地三种下垫面的粗糙度分别是 0.3412cm、3.0614cm 和 2.2939cm。从计算结果可以看出，在草地、灌木林地和高效农田等三种下垫面中，禾本科草地对地表的保护作用最好。

示范区不同种类草地的空气动力学粗糙度计算值见表 3.13，自然恢复的禾本科草地、人工种植的中密度苜蓿地、人工种植的高密度苜蓿地三种草地的空气动力学粗糙度分别是 1.2603cm、1.9408cm、1.7097cm，说明人工种植的苜蓿防风效果好于自然恢复的草地，而且由于中密度苜蓿的平均高度比高密度苜蓿高 4.83cm，平均带宽大 3.88cm，所以中密度苜蓿地的粗糙度高于高密度苜蓿地。由于表 3.8 和表 3.10 的风速测量并非在同一天完成，表 3.13 中三种草地近地表风速廓线测量时风速较大，风速的增大造成粗糙度的减小。因此，测量的三种草地近地表风速值拟合得到的空气动力学粗糙度均较小。

表 3.13　　　　　　　　　　三种草地空气动力学粗糙度

草地类型	拟 合 方 程	a 值	b 值	粗糙度/cm
自然恢复的禾本科草地	$U_z = 1.0374\ln z - 0.2400$ $R^2 = 0.9685$	−0.2400	1.0374	1.2603
人工种植的中密度苜蓿地	$U_z = 1.1588\ln z - 0.7684$ $R^2 = 0.9777$	−0.7684	1.1588	1.9408
人工种植的高密度苜蓿地	$U_z = 1.0758\ln z - 0.5770$ $R^2 = 0.9798$	−0.5770	1.0758	1.7097

3.5　风速对大气悬浮颗粒物（TSP）的影响实验

应用中流量大气颗粒物采样器在 2007 年 5 月 30 日连续监测了大气悬浮颗粒物情况，时间为 9 时—19 时，每 2h 更换一次滤膜，同时每 10min 应用手持气象站测量一次气象状况，监测结果见表 3.14 和图 3.28。

表 3.14　　　　　芦草村 5 月 30 日大气悬浮颗粒物监测结果

监测时段	9 时—11 时	11 时—13 时	13 时—15 时	15 时—17 时	17 时—19 时
监测时段内的平均风速/（m/s）	9.52	8.85	8.01	7.20	6.78
监测时段内的 TSP 重量/g	0.0017	0.0006	0.0004	0.0001	0.0001

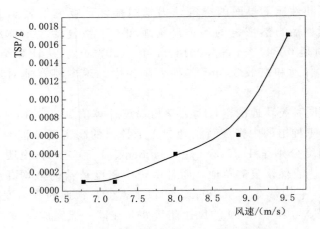

图 3.28　大气悬浮颗粒物随风速的变化趋势

　　由表 3.14 和图 3.28 可以看出，大气中悬浮颗粒物的浓度与风速关系密切，这与在城市中通过监测得出的结论有所不同。城市中 TSP 浓度基本上不随风速的变化而变化，这是由于城市建筑物较多，绿化率较高，为悬浮颗粒物提供尘源的物质较少，加之建筑物对风的阻挡，即使风速明显增大扬尘也不会增加太多；而在示范区则不同，由于春耕刚刚结束，种子还未萌发，大面积的农田缺少保护，一遇大风很容易引起扬沙天气，使大气中的悬浮颗粒物明显增加，因此随着风速的增大 TSP 呈增加趋势。

3.6　不同下垫面的风沙结构与变化特征

3.6.1　输沙量随高度的分布特征

　　选取典型时段，用集沙仪量测试验小区风沙中的泥沙输移量。选择风沙活动较为频繁的时段（3—5 月）进行现场风沙监测。经对采集数据的比较分析，从图 3.29 中可以看出：在高效农田、灌木林地和草地三个观测点中，高效农田采集的沙量最多，草地采集的沙量次之，灌木林地采集的沙量最少；4 月三个观测点的风蚀物总量均比 5 月的风蚀量大，说明 4 月风沙活动输移比 5 月要更加频繁，也就是说 4 月风沙活动输移对当地及周边地区的影响程度要比 5 月大一些。从三个观测点看，集沙仪有 24 层进沙方孔，基本规律都是自上而下采集沙量逐层增加，也就是说离地面愈低，沙量愈多，离地面愈高，沙量愈少。从集沙仪采集沙量数据分析可以得到：灌木林地对风沙移动的抑制作用较为明显，草地对风沙移动的抑制作用次之，高效农田对风沙移动的抑制作用最弱，这主要与测量时段内高效农田处于未耕作状态有关。

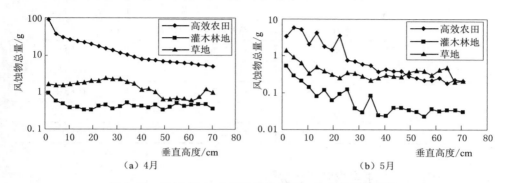

图 3.29 2004 年 4—5 月风蚀物总量—垂直高度关系图

通过对项目区高效农田、草地、灌木林地三个不同下垫面监测点 0~70cm 高度范围内输沙量变化动态的分析，可以看出 0~70cm 气流层内风沙流结构具有如下主要特征：

（1）在 4 月和 5 月这两个监测时段内，不同下垫面 0~70cm 气流层的总输沙量及各层输沙量存在明显的差异，高效农田的总输沙量及各层输沙量明显高于草地和灌木林地，草地的总输沙量及各层输沙量又明显高于灌木丛。

（2）高效农地总输沙量的 80%、灌木林地总输沙量的 70% 和草地总输沙量的 60% 以上集中在 25cm 以下的高度内，说明 0~70cm 气流层内沙粒的运动形式主要以跃移为主，同时也表明风沙流运动是一种贴近地表的物质搬运过程。

（3）国内外多数学者的风洞试验和野外观测研究结果表明，挟沙气流中输沙量（含沙量）沿垂线的分布呈指数函数规律递减（或称负指数分布），也就是说无植被时输沙量与垂直高度的关系呈负指数函数关系。将三种不同下垫面条件下输沙量 Q（g）与高度 H（cm）的关系曲线用负指数函数（$Q = ae^{bH}$，a、b 为回归系数）来拟合描述（见表 3.15）。由表 3.15 可以看出：高效农田的 Q-H 关系拟合较好，输沙量与垂直高度有较好的负指数函数关系；而草地和灌木林地的 Q-H 关系拟合相对差些，没有呈现出较好的负指数函数关系。这种拟合状况与三种下垫面的性质特点有关，高效农地除极少杂草外基本属于无植被性质，因此其 Q-H 关系拟合较好并呈现出较好的负指数函数关系。草地和灌木林地均属于有植被性质，植被在一定程度上对近地表气流层中的输沙量有较大的影响：一方面植被使地表的沙粒起动速度增大导致沙粒不易发生移动；另一方面植被层的存在使沙粒的运动形式发生了变化，以致在一定程度上改变了风蚀物在垂直高度上的分布，因此草地和灌木林地两种下垫面的输沙量与垂直高度没有呈现较好的负指数函数关系。

表 3.15　　　　　　　　不同下垫面输沙量 Q 随高度 H 的变化动态

时间	下垫面	回归方程	R^2
4 月	高效农田	$Q=39.354e^{-0.0334H}$	0.8956
	草地	$Q=2.3022e^{-0.0163H}$	0.5382
	灌木林地	$Q=0.48e^{-0.0027H}$	0.0674
5 月	高效农田	$Q=4.5482e^{-0.0517H}$	0.8819
	草地	$Q=0.5472e^{-0.0117H}$	0.3042
	灌木林地	$Q=0.1935e^{-0.0335H}$	0.6762

3.6.2　粒度组成随高度的变化规律

将采集自高效农田的风蚀物取样在中国水科院泥沙所实验室用颗分仪进行了颗粒分析，得到了风沙物颗粒级配曲线以及 0～70cm 气流层内各层风沙物的粒度组成随高度的变化特征，见表 3.16 和图 3.30。由表 3.16 和图 3.30 可见，各层风沙物中，粗粒（粒径 0.45～1.0mm）的含量很低，同样中、细颗粒（粒径 0.1～0.45mm）和粉、黏粒（粒径＜0.019mm）的含量亦较低，而粒径在0.075～0.1mm 的极细颗粒和粒径在 0.019～0.075mm 的粉砂颗粒的含量较高，占输沙量的比例均在 30%～60%。随着高度增加，输沙量中粗粒（粒径 0.45～1.0mm）和中、细颗粒（粒径 0.1～0.45mm）含量基本呈下降趋势，而粉砂颗粒（粒径 0.019～0.075mm）和粉、黏粒（粒径＜0.019mm）含量基本呈上升趋势。产生这种粒度随高度分布的原因是，粒径较大的粗、中沙粒因自身的重量相对较大，气流的上升举力不足以把它们带到较高的层次，却可以把自重较小的细微粉、黏颗粒运送到较高的层次。

表 3.16　　　　　　　高效农田输沙量粒度组成随高度的变化动态

高度/cm	粒度组成/%				
	0.45～1.0mm	0.1～0.45mm	0.075～0.1mm	0.019～0.075mm	＜0.019mm
1.5	3	11.8	50	31	4.2
7.5	2.8	9.2	52.4	31.1	4.5
13.5	2.4	5.2	53.6	32.7	6.1
19.5	2.4	4.3	54.5	32.2	6.6
25.5	2.2	3.7	52.1	34.8	7.2
31.5	1.9	4.3	50.5	35.8	7.5
37.5	2	4	49.5	36.5	8
43.5	1.7	3.8	48.7	37.5	8.3
49.5	1.2	3.1	46.8	39.9	9.1

续表

高度/cm	粒度组成/%				
	0.45~1.0mm	0.1~0.45mm	0.075~0.1mm	0.019~0.075mm	<0.019mm
55.5	0.8	3.1	45.4	40.9	9.8
61.5	0.9	3	43.6	42.8	9.7
67.5	0.4	3	44.1	42.5	10
70.5	0.3	3.2	43.5	43.1	9.9

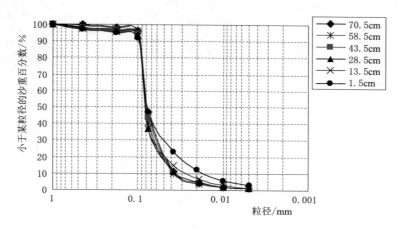

图 3.30　高效农田风沙物颗粒级配曲线

3.6.3　输沙量与下垫面特性的关系

在风力的作用下，地表物质的起动、搬运和堆积过程受到下垫面性质的强烈影响，故其输沙量与下垫面特性是密切相关的。下垫面性质包括地表的物质组成、紧实程度、起伏形态和植被及其覆盖度大小等。示范区内监测点主要包括高效农田、草地和灌木林地三种下垫面，这三种下垫面在植被盖度上存在较大差异，但在土壤容重、地表紧实度和含水量上的差异并不大，但三种下垫面条件下的输沙量却有很明显的差异，从大到小依次为高效农田、草地、灌木林地，且高效农田处监测的输沙量远远大于草地和灌木丛处的监测数据。从监测数据分析情况说明，高效农田基本没有植被覆盖，对近地表风沙运动的抑制作用相对草地和灌木林地较小，而灌木林地的植被盖度大于草地，因此，灌木林地对近地表风沙流运动的抑制作用大于草地。由此可见，植被盖度对近地表气流层中的输沙量有较大的影响，在其他下垫面特性基本相同的条件下，植被盖度越大，输沙量越小。

4 风沙活动与植被条件耦合关系风洞实验

4.1 研究内容概述

　　国内外科研机构对于风沙活动与植被条件关系的研究目前主要采用野外观测实验和风洞模拟实验两种方法，而风洞模拟实验又可分为自然植被条件下的风洞实验和人工植被模型条件下的风洞实验。本次风沙活动与植被条件耦合关系的研究将采用人工模拟植被的风洞实验形式。在植被模型的选择上，主要根据实际情况找出半干旱区植被的共同特征，并体现在植被模型中，而且还要能够对于不同的植被类型进行良好的区分；在风洞实验风速的选择上，要以示范区的平均风速和常见风速为依据，进行多种风速的变换，反映植被在不同风速条件下的变化规律。

　　本次风洞实验的目标：利用风洞对植被形态和风速条件进行模拟，研究植被结构参数（高度、密度和盖度）与地表空气动力学参数（粗糙度、风速分布）相关关系，探讨半干旱地区植被结构对环境演化的作用。

　　风洞实验的具体内容：通过在风洞中模拟自然条件下的大气边界层，测定不同的植被结构参数（高度、行距、株距、覆盖率、侧影盖度）对于风速、风速廓线、下垫面空气动力学参数、沙粒起动风速、风蚀输沙率及其垂直分布的影响，并找出两者之间的相关关系及其变化规律，由此确定植被防止风蚀发生的最佳配置模式。

4.2　实验系统设计和组成

4.2.1　系统设计要求

根据风洞实验的目标和内容，室内环境风洞的设计要求主要包括以下三方面：

（1）流场稳定。在自然界中气流吹过平坦沙面时，本地的气流条件相对于上游气流没有明显差异，流态比较稳定。在风洞实验中，实验段也应保证时间和空间上流态的稳定。时间上的稳定便于对流速和流场进行记录和对比，空间上的稳定有助于降低实验的系统误差。所以在设计风洞时需要尽可能满足时间上和空间上流态稳定的要求，以最大程度上模拟自然条件下的大气边界层。

（2）操作灵活。风洞中设备应该易于操作，方便实验条件的改变。在风洞实验中：一方面要求改变不同的实验模型；另一方面要求根据实验的需要，随时改变输入风速，模拟多种工况。这两方面均需要风洞设备易于操作、方便灵活。由于本次风洞实验要细致地了解沙粒起动的初始过程，所以风洞内风速必须连续可调；并且在调节风速时，风洞内风速的变动幅度应设定得很小（0.5m/s以下），因此风洞的入口风量需要能够准确控制，以便进行风速的微调。

（3）易于观察。风洞实验中需要通过观察分析沙粒的起动以及风蚀输沙率的情况，并且在测量风速时观察测速装置的运行情况，因此风洞的洞体必须透明，从而易于观察和改进。

4.2.2　系统设计思想

目前世界上风洞的种类较多，按流速划分，有高速风洞和低速风洞两大类。高速风洞的风速在 100m/s 以上，该风洞用于研究流体的惯性力和压缩力大于黏性力的流动，其最重要的相似准则是马赫数 M 应该相等。低速风洞的速度在 100m/s 以下，可不计马赫数 M，只计雷诺数 Re，这种风洞最重要的因素是气流的惯性力和黏性力，而压缩性的影响一般不予考虑。作为人工环境工程综合试验装置的室内环境风洞，风速一般在 50m/s 以内，因此属于低速风洞。

低速风洞按照气流的流动方向又可分为吹出式风洞和吸入式风洞。吹出式风洞是以风机吹出的气流作为风洞内的流动介质；吸入式风洞则是通过风机叶片旋转形成的低压区，将空气吸入形成气流。这两种类型的风洞应用范围都比较广，但具体应用领域又有所不同。吸入式风洞由于风机在洞体的末端，只能进行绕流、流场测定等非扬沙的风洞实验；吹出式风洞不但可以进行上述非扬沙实验，还可进行沙粒的起动风速、输沙率等扬沙实验。因此本次风洞实验采用吹出式风洞。

4.2.3 系统设计组成

综合国内外的室内环境风洞的设计思想，结合本次风洞实验要求，将风洞分为动力系统、洞体系统、控制系统、测量系统和实验模型系统五大系统。

（1）动力系统。本次风洞实验要求风洞内最大风速必须达到 20m/s，考虑到风洞洞体尺寸及风洞内部摩擦损耗，选用风量较大、风机叶片转速较快的轴流风机作为动力系统，以便产生恒定的气流输入。

（2）洞体系统。本次风洞实验要求有固定的水平床面进行植被模型的布置，因此风洞洞体的截面采用方形，长宽均为 500mm；洞体主要包括连接段、整流段、稳定段、实验段、扩散段和除尘段六个部分。其中：连接段主要是连接洞体和风机的部分，考虑到风洞内流场的稳定性、建造的可行性以及避免共振影响等因素，将连接段设计为软连接，由不透风的帆布将两部分连接起来；整流段的作用主要是消除气流中的旋涡，使气流能够平稳地在洞体中流动，考虑到本次风洞实验需要的风速较小，风机叶片的转速较慢，气流中的涡旋较少，因此本风洞整流段仅选用了阻尼网作为消旋设备，将相距 300mm 的两层 80 目铁丝网作为阻尼网来消除产生的大部分旋涡；稳定段一般设计在整流段以后、实验段之前，一方面可以作稳定气流之用，另一方面可以防止由于实验段阻力过大导致发生的气流"倒流"现象，有助于风洞内流场的稳定；实验段是风洞洞体中最核心的部分，是进行风洞实验的主要部分，考虑到本次风洞实验洞体下方受支架的限制，因此将风洞实验段设计为顶面可拆卸型，考虑到实验段的底面需要铺设沙床，因此将实验段的底面设计为低于洞体底面水平线 5cm，以利于填装模型沙后与洞底齐平，同时实验段的顶面根据实验的要求设计测量孔和测量槽，以利于置入测速装置进行风速的测量；扩散段的主要作用是保持实验段的压力恒定，防止由于实验段直接与外界大气相通，压力下降迅速导致实验风速的异常；除尘段的作用是防止风洞内进行扬沙实验时对实验室和外界环境造成污染，考虑到为了缩短除尘段的长度，同时增强除尘段的除尘效果，因此在除尘段纵向直径扩大 3 倍的基础上，在除尘段的上方加入了喷淋除尘装置，其原理是通过喷淋装置形成水帘和水雾，吸附挟沙气流中的沙粒和粉尘，使沙粒中粒径较大的颗粒依靠自然沉降除去的同时，粒径较小的粉尘可以用水帘洗脱，防止其进一步的扩散。实验段和整流段立体示意图见图 4.1和图 4.2。

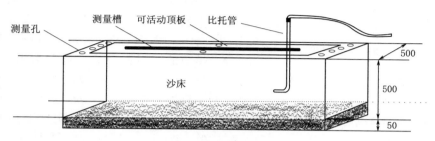

图 4.1　实验段示意图（单位：mm）

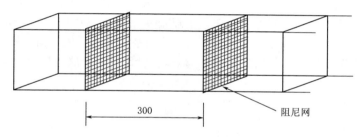

图 4.2　整流段示意图（单位：mm）

　（3）控制系统。环境风洞的控制系统主要包括风速的调节装置和除尘段喷淋设备的控制装置。风速的调节装置选用变频调速器，变频调速器通过与风机连接，改变输入风机的电源频率，达到改变风机叶片转动速度的目的，从而可以调节风洞的输入风速。喷淋设备的控制装置主要根据实验扬沙与否进行潜水泵的开关控制。

　（4）测量系统。风洞实验需要测量风速、沙粒的起动风速、输沙率及其垂直分布四个指标，需要风速和输沙率的测量设备。测量风速采用的是比托管连接数字压力计，其优点是干扰因素较少、测量数据比较准确、精密度高；本次输沙率测量中采用的是集沙盒和多路集沙仪，设置在实验段的末端。输沙率的测量主要采用陷阱法，该方法是已有输沙率研究中主要采取的方法，其具体做法是：在实验段后部的沙床中埋设一个集沙盒，当有沙粒被吹动时，就会落入盒中，通过测量盒的重量得到输沙率，然后通过计算得到单宽输沙率。本次输沙率测量中采用的集沙盒，其规格为 100mm×150mm×50mm，设置在实验段

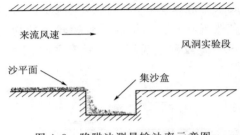

图 4.3 陷阱法测量输沙率示意图

的末端，如图 4.3 所示。

（5）实验模型系统。实验模型根据实验目的的不同，使用材料和规格各异。在本风洞实验中，植被采用木棍模拟，有高度为 10cm 和 5cm 的两种木棍，具体规格为 100mm×10mm×2mm、50mm×10mm×2mm，植被模型的迎风面较大，顶面面积较小，挡风效果突出。实验模型在形状上与半干旱区广泛分布的植物相似，通过不同的组合和排列，能够表现出野生草地、人工草地、农田等多种地表类型，因此可以在风洞中模拟出不同地表的防风效果。建造完成的室内环境风洞总长 13.3m，由动力段（风机）、连接段、整流段、稳定段、实验段、扩散段和除尘段组成，其中整流段、稳定段、实验段和扩散段由有机玻璃制造，截面为正方形，尺寸为 500mm，各段之间用法兰连接；连接段是由不透风的帆布制作成软连接；除尘段上部有喷淋装置的水箱，底部有水槽，依靠潜水泵将水槽中的水打入水箱中循环使用；整个风洞架设在水泥平台上。风洞中风向基本平直，风速由 0~20m/s 连续可调。风洞各部分的基本规格见表 4.1，风洞设计图及实景照片见图 4.4。

表 4.1　　　　　　　　　　　　　风洞各段的基本规格

部位	动力段	连接段	整流段	稳定段	实验段	扩散段	除尘段
长度/cm	50	120	180	200	230	200	250
截面规格/mm	$\phi=710$	—	500×500	500×500	550×500	500×500	1500×500

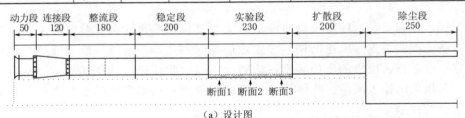

（a）设计图

（b）实景照片

图 4.4　风洞设计图及实景照片（单位：cm）

4.3 风洞测试与测量仪器校正

4.3.1 比托管和数字压力计的率定

比托管和数字压力计是风洞实验主要的测速设备，其准确性直接影响实验结果的准确性，因此在进行实验前首先对比托管和数字压力计进行率定。率定时，将比托管和手持式气象站在相同的风机频率下分别测定相同高度的风速值，然后将测得的数据进行对比，并对比托管和数字压力计进行校正，对比数据见表4.2。

表 4.2　　　　　　　　　　比托管和数字压力计率定的风速测量结果

风机输入频率/Hz	10	15	20	25	30	35	40	拟合公式
比托管风速值/(m/s)	4.16	5.49	6.92	8.36	9.73	11.16	12.55	$y=0.2807x-0.0838$ $R^2=0.9999$
气象站风速值/(m/s)	4.25	5.55	7.05	8.51	9.85	11.19	12.60	$y=0.2796x+0.0379$ $R^2=0.9997$
比托管误差/%	2.12	1.08	1.84	1.76	1.22	0.27	0.40	1.24（平均值）

由上述数据可知：①比托管和数字压力计工作稳定，比托管的测量值比手持气象站的测量值略小，其测定的风速数据的误差平均值为1.24%，在实验误差允许的范围内（实验误差的允许范围为3%），因此可以将比托管和数字压力计用于风洞实验的风速测量；②从表4.2中也可以看出，风速值与风机频率呈线性关系，两者的相关性较高。

4.3.2 风洞横截面上的风速分布

为了系统地确定风洞内的流场特征，在距风洞入口5.8～7.5m区间设置3个断面，记为断面1、断面2、断面3，分别距实验段前端30cm、115cm、200cm，如图4.5所示。因风洞内左右侧壁性质相同，流场呈左右对称，故在进行风速测量时只测量半个断面即可；而风洞中植被模型的模拟实验都在距底板0～25cm高度范围内进行，所以将测点全部分布在距底板0～25cm的左半截面上。根据边界层理论，愈靠近边界，黏性切应力愈大，风速梯度也越大，因此靠近边壁处测点逐渐加密。每个断面在垂直于风速的方向上选定7个测量位置，分别距离风洞侧壁2.0cm、5.2cm、8.5cm、12.5cm、16.7cm、21.0cm、25.0cm，在每个位置分别测量垂直方向上1.0cm、2.0cm、3.0cm、4.0cm、5.0cm、6.0cm、8.0cm、10.0cm、12.0cm、15.0cm、20.0cm、25.0cm高度处的风速，因此每个断面共设置 84 个测点。实验时分别选取 5.6m/s、8.5m/s、11.4m/s 作为输入风速，进行断面流场的测定。

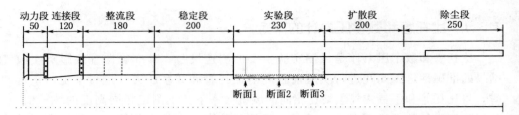

动力段 连接段 整流段 稳定段 实验段 扩散段 除尘段
50 120 180 200 230 200 250

断面1 断面2 断面3

图 4.5　风洞纵剖面布置示意图（单位：cm）

实验结果显示，不同风速条件下风洞内的流场分布是相似的。输入风速为 5.6m/s 时断面 1、断面 2、断面 3 处 1/4 风洞断面的风速等值线图见图 4.6～图 4.8。

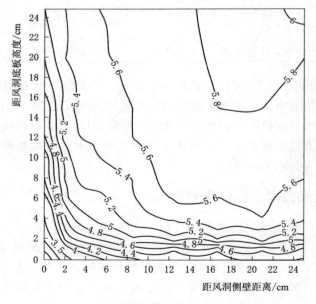

图 4.6　断面 1 处 1/4 风洞断面风速等值线图

由图 4.6～图 4.8 可以看出：①根据横截面上的风速分布，可将横截面分为两个区域：边界层区和自由流区。边界层是指靠近边壁，风速梯度很大的气流层；边界层之外的匀速气流区为自由流区。②沿着气流方向，边界层逐渐变厚，自由流区逐渐变小，同时自由流区风速越来越大。这是由于随边界层沿流向的

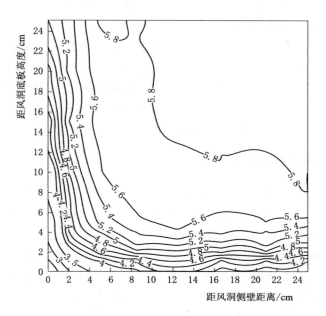

图 4.7　断面 2 处 1/4 风洞断面风速等值线图

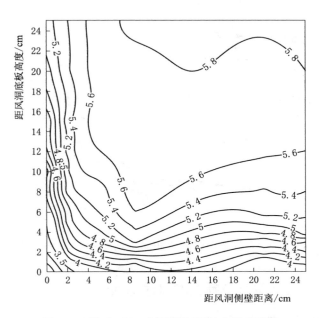

图 4.8　断面 3 处 1/4 风洞断面风速等值线图

发展，风洞内有效流动面积逐渐减小。③风速等值线与壁面不平行。其原因主要是风洞矩形截面边角对气流有干扰作用。

由于环境风洞与其他风洞一样，是利用底板的边界层来近似模拟大气边界层的，所以研究流场图的重点是分析底板边界层的发展情况。由图 4.6～图 4.8 可以看出，底板的边界层发展比较充分，但随着边界层厚度的逐渐增加，风洞侧壁对于底板边界层的干扰也会增加，因此在进行风洞实验时实验模型应尽量在风洞底板中线处布置，才能保证实验的准确性。

4.3.3　自由流区风速的性质

在图 4.6～图 4.8 中，实验段内的自由流区，断面风速是不均匀的，最大风速值不在轴心位置，而是在边界层外缘和轴线位置之间波动。根据测量结果最大风速位置多分布在自由流区紧靠边界层的地方，这种分布特点是边界层对气流的"抬升"作用造成的。从图 4.9 中的入口风速为 5.6m/s 的三条风速廓线的对比可以发现，由于边界层厚度逐渐增加，在边界层内部同样高度，离入口越远风速越低，这样就形成了边界层内的低速气流对吹来的高速气流的阻挡作用，高速气流被迫"抬升"，因此气流在紧靠边界层外侧处急速增加，高于轴线位置的风速。

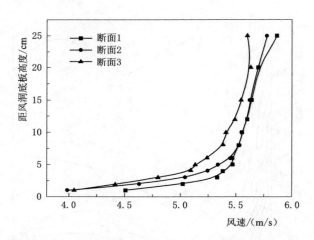

图 4.9　风洞断面 1、断面 2、断面 3 中线处的风速廓线（输入风速 5.6m/s）

4.3.4　风洞中线处垂直方向上的风速廓线情况

在进行风洞中线处垂直方向上风速测定时，为了便于风机转速的调节，将

风机的输入频率分别设定为 25Hz、30Hz、35Hz、40Hz，此时对应的输入风速
分别为 7.5m/s、9.2m/s、10.5m/s、12.1m/s。风洞断面 3 处的风速廓线如图
4.10 和图 4.11 所示。

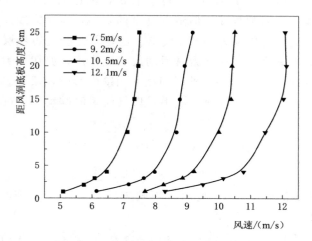

图 4.10　风洞断面 3 中线处的风速廓线

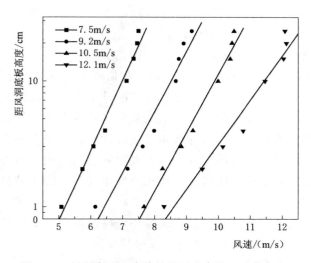

图 4.11　风洞断面 3 中线处的风速廓线（对数高度）

　　风洞模型实验均在实验段底板边界层内进行，实验中保证风速廓线相似是
一条重要的运动相似准则。研究底面边界层内的风速分布可为实验技术的改进、
实验模型的设计提供必不可少的技术参数。

由图 4.10 和图 4.11 可以看出，不同输入风速条件下，风速廓线基本相似，但随着输入风速的增大，近地表的风速梯度逐渐加大。例如在近地表 1～5cm 的范围内，四种输入风速条件下的风速差值分别是 1.370m/s、1.839m/s、1.546m/s、2.492m/s。从图 4.11 中可以看出，风速与对数高度相关性较好，近地表风速廓线符合对数规律。但随着高度的增加，风速廓线发生偏离，不再符合对数规律，这种现象称为 Wake 偏离。这是因为湍流边界层分为内层和外层，内层受壁面影响显著，黏性力对运动起支配作用，剪切应力为常数，其厚度为边界层厚度的 15％～20％；外层间接受到壁面影响，惯性力对流体运动起支配作用。内层被称为对数区域，在不考虑气流瞬时脉动的情况下，其风速分布遵循普兰特-冯·卡曼对数公式：

$$u/u_* = (1/\kappa)\lg(u_* y/v) + C \tag{4.1}$$

$$u/u_* = (1/\kappa)\ln y + C \tag{4.2}$$

式中：u 为距风洞侧面 y（m）处的时均风速，m/s；u_* 为摩阻速度，m/s；κ 为冯·卡曼常数。

在边界层的外层，风速廓线发生偏离——Wake 偏离，Coles 将其概括为

$$u/u_* = (1/\kappa)\ln(y/y_0) + (\Pi/\kappa)w(y/\delta) \tag{4.3}$$

式中：y_0 为侧壁的粗糙度；Π 为轮廓参数，不存在压力梯度时，$\Pi = 0.55$；$w(y/\delta) = 1 - \cos(\pi y/\delta)$，称为伴流函数。

可见本风洞中线处的风速廓线符合上述理论结果。

风洞模型实验是以相似理论为基础的，相似理论的基本内容包括几何相似、动力相似和运动相似。根据 1/4 横截面风速测量结果和横截面风速分布的对称性，恢复后的整个横截面内的风速等值线近似"蝴蝶"形，符合相似理论中几何相似和动力相似的要求。风速廓线相似是运动相似的重要内容之一。研究结果表明，风洞底板边界层内风速分布与大气边界层内风速分布规律都一致遵循对数定律，利用对数定律判断风速廓线相似简单易行，因此满足了相似理论中运动相似的原则。

根据以上的论述可知，本实验建成的环境风洞满足相似理论的要求，符合自然界大气边界层的一般理论，因此可以进行风洞实验。

4.4 实验方案设计

本风洞实验主要是利用木棍模拟地表植被，进行近地表风速、沙粒起动风速以及输沙率的测量。为了方便实验进行，将上述指标的测量分为两部分：一

部分是测量不同植被条件下的近地表风速,测量时需要用水将沙床喷湿,防止沙粒起动,保持实验床面的一致;另一部分是测量不同植被条件下沙粒的起动风速、输沙率及其垂直分布,此时沙粒需要干燥,应用目测法和陷阱法分别测量沙粒起动风速和输沙率,同时利用集沙仪测量风蚀输沙率的垂直分布情况。

4.4.1 方案分组及床面布置情况

将模拟地表植被的木棍按高度分为 10cm 和 5cm 两种。每种植被模型按照株距分为 3 类,其株距分别是 4cm、6cm、9cm;在每类株距中,又按照行距分为 4 组,分别 10cm、15cm、20cm、40cm,因此每种高度的植被模型共有 12 种床面。在进行床面布置时,按照植被排列方式的不同,分为错落排列和重合排列两种,如图 4.12 所示,因此本次风洞实验共有实验床面 48 种,每种床面分别进行四种风速实验,为了便于操作和数据对比,将风机的输入频率分别设定为 25Hz、30Hz、35Hz、40Hz,其对应的输入风速分别是 7.5m/s、9.2m/s、10.5m/s、12.1m/s。

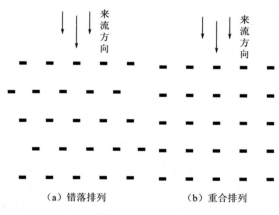

(a) 错落排列　　　　　　(b) 重合排列

图 4.12　植被模型错落排列和重合排列示意图

在实验段进行床面布置时,从实验段前 20cm 处开始布设植被模型,到距实验段前端 180cm 处停止布设,植被覆盖床面长度为 160cm,在距离植被模型后部 20cm 处的中线位置测量风速。

在本风洞实验中表征植被结构参数的物理量主要是植被的覆盖率和植被的侧影盖度,见表 4.3。植被覆盖率是植被垂直方向的投影面积在下垫面上的比率,植被覆盖率越大,防护效果越好。因此,植被覆盖率的概念对于植被顶面的防护效应能够进行较好的反映,这对于生长在干旱地区的贴地面生长的植物

具有较好的描述效果。植被覆盖率一般用 V_c 表示，在本次风洞实验中植被的覆盖率的计算公式为

$$V_c = \frac{S_{植被顶面}}{S_{底面}} \times 100\% = \frac{nwl}{LH} \times 100\% = \frac{nw}{L} \cdot \frac{l}{H} \cdot 100\% \tag{4.4}$$

式中：L、H 为植被覆盖的沙床的宽度与长度；w、l 为木棍的迎风宽度与厚度；n 为沙床上木棍的数量。

表 4.3　　　　　　　　风洞实验植被模型分组及植被结构参数

序号	高度 h/cm	株距 d/cm	行距 D/cm	侧影盖度 P	覆盖率 V_c/%	序号	高度 h/cm	株距 d/cm	行距 D/cm	侧影盖度 P	覆盖率 V_c/%
1	10	4	10	0.2125	0.850	13	5	4	10	0.1063	0.850
2	10	4	15	0.1375	0.550	14	5	4	15	0.0688	0.550
3	10	4	20	0.1125	0.450	15	5	4	20	0.0563	0.450
4	10	4	40	0.0625	0.250	16	5	4	40	0.0313	0.250
5	10	6	10	0.1488	0.595	17	5	6	10	0.0744	0.595
6	10	6	15	0.0963	0.385	18	5	6	15	0.0481	0.385
7	10	6	20	0.0788	0.315	19	5	6	20	0.0394	0.315
8	10	6	40	0.0438	0.175	20	5	6	40	0.0219	0.175
9	10	9	10	0.1063	0.425	21	5	9	10	0.0531	0.425
10	10	9	15	0.0688	0.275	22	5	9	15	0.0344	0.275
11	10	9	20	0.0563	0.225	23	5	9	20	0.0281	0.225
12	10	9	40	0.0313	0.125	24	5	9	40	0.0156	0.125

　　植被的侧影盖度是近年来才被引入的表征植被结构的新参数，它是指植被迎风方向的侧影面积与植被所在下垫面面积的比值。植被侧影盖度能够很好地考察了植株高度、宽幅及疏密程度等形态结构特征差异，可比植被覆盖率更有效地地区分乔、灌、草不同植被类型防风效应上的差异。植被侧影盖度一般用 P 表示，在本风洞实验中植被侧影盖度用式（4.5）计算：

$$P = \frac{S_{植被侧面}}{S_{底面}} = \frac{nwh}{LH} = \frac{nw}{L} \cdot \frac{h}{H} \tag{4.5}$$

式中：h 为木棍的高度；其他参数同上。

4.4.2　不同植被条件下近地表风速的测量

　　在进行风速测量时，首先应按照实验步骤，在已经摸平的沙床上布置植被

模型，然后将布置好的床面用水喷湿，使沙粒不能起动。在测量位置处的垂直高度上布设六个测点，分别是 1cm、4cm、10cm、15cm、20cm、25cm，由低到高进行测量。每个测点均在风速稳定 2min 后开始测量，每 10s 记录一个风速数据，记录 2min，共 13 个数据。将测得的每组风速数据汇总后，输入电脑，进行异常值筛选。去除异常值后，将测得的风速数据计算平均值，作为该测点的最终风速值。上述测定风速的方法最大程度上降低了风洞内气流不稳定带来的随机误差，提高了数据的准确性。

4.4.3　不同植被条件下沙粒起动风速和输沙率的测量

在进行起动风速和输沙率测量时，在实验段植被模型后 20cm 处设置"陷阱法"集沙装置，其中的集沙盒长 10cm，宽 15cm，深 5cm，位于风洞底面中线处。在将床面布置好且把集沙盒清空后开始吹风，首先缓慢增加风速，目测该床面条件下沙粒的起动风速；然后在沙粒起动风速以上，每个床面吹四个风速，时间均为 1min。时间到后，关闭风机，将集沙盒取出称量集沙盒中沙粒的重量，并将其换算为该植被和风速条件下的单宽输沙率，单位为 g/(cm·s)。

4.4.4　不同植被条件下风蚀输沙率的垂直分布的测量

在进行风蚀输沙率垂直分布的测量时，其床面的布置方法与测量沙粒起动风速和输沙率时的方法一致，床面布置好后开始吹风，并迅速达到指定风速，吹风时间为 5min。到时间后，关闭风机，将集沙仪从风洞中取出，拆去活动侧盖板，将集沙管中的风蚀物按高度顺序逐一测量重量，即为该床面和风速条件下的垂直输沙率。

4.5　植被条件的相关影响研究

4.5.1　植被条件对于风速廓线的影响

植被覆盖对于近地表气流最直接的影响就是使近地表流场发生改变，近地表风速廓线发生变化。因此研究植被条件对于近地表风速廓线的影响，有助于把握植被条件与近地表流场之间的关系，掌握其规律性。

要讨论植被条件对于风速廓线的影响情况，首先必须了解无植被覆盖时近地表的风速廓线情况。由无植被条件下实验方案所得数据绘制的风速廓线如图 4.13 和图 4.14 所示，不同输入风速条件下，风速廓线基本相似，但随着输入风速的增大，近地表风速梯度逐渐加大；风速与对数高度具有很好的相关性，两者基本符合线性关系，这与已有文献记载的风速随垂直高度变化的对数规律相一致。因此无植被覆盖时，风洞中近地表风速在垂直高度上符合对数规律。

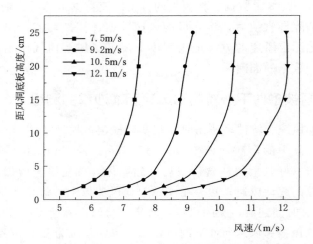

图 4.13　无植被覆盖时风洞中垂直方向上的风速分布

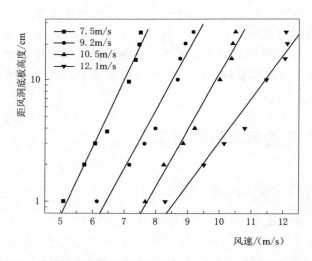

图 4.14　无植被覆盖时风洞中垂直方向上的风速分布（对数高度）

　　当下垫面有植被覆盖时，由于植被对气流的阻挡和削弱作用，使近地表垂直高度上的风速减小，破坏了无植被时近地表风速随高度变化的对数规律，表现在风速廓线上为风速廓线发生改变。如图 4.15 所示，有植被覆盖的近地表风速廓线与无植被时的风速廓线具有较大差别。从图 4.15 中可以看出，无植被时风速廓线的形状随风速的增加变化较小，而有植被时近地表风速廓线随风速的增加变化较大。根据实验方案安排分别研究了植被模型行距、株距、高度等不同植被条件对风速廓线的影响。

4.5.1.1 植被模型行距的影响

图 4.15 和图 4.16 是株距为 4cm、高度分别为 10cm 和 5cm 的植被模型，在四种行距条件下的风速廓线与无植被风速廓线的对比图。由图可以看出，相同高度上的风速值随植被模型行距的减小而减小，在图中表现为风速廓线的斜率随植被模型行距的减小而减小，并且行距愈小，风速廓线愈远离无植被时的风

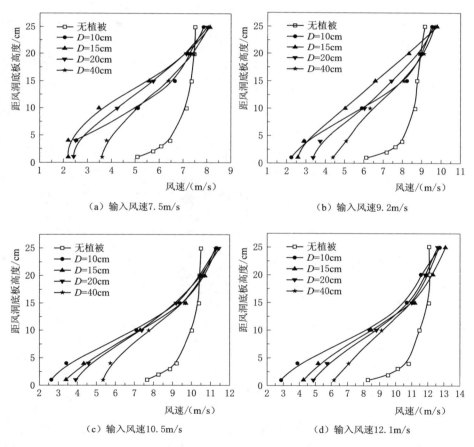

（a）输入风速 7.5m/s   （b）输入风速 9.2m/s

（c）输入风速 10.5m/s   （d）输入风速 12.1m/s

图 4.15　植被高度为 10cm、株距 4cm 时四种行距条件下的
风速廓线与无植被风速廓线的对比
（植被模型为错落排列）

速廓线；风速廓线的斜率随输入风速的增大而减小，并且由行距所导致的风速廓线之间的差别也在减小，在图中表现为风速廓线相邻的更加紧密。以上规律性虽然是在株距为 4cm 时得出的，但在风洞实验所得的所有风速廓线中均有所体现，因此具有普遍性。

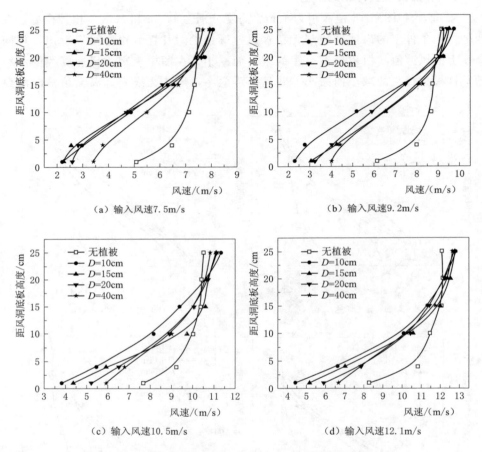

（a）输入风速7.5m/s

（b）输入风速9.2m/s

（c）输入风速10.5m/s

（d）输入风速12.1m/s

图 4.16 植被高度为 5cm、株距 4cm 时四种行距条件下的
风速廓线与无植被风速廓线的对比

（植被模型为重合排列）

4.5.1.2 植被模型株距的影响

图 4.17 和图 4.18 是行距为 15cm，高度分别为 10cm 和 5cm 的植被模型，在三种株距条件下的风速廓线与无植被风速廓线的对比图。由图可以看出，随着植被模型株距的减小，相同高度上的风速值逐渐减小，在风速廓线图中表现

为风速廓线斜率减小；并且随着输入风速的增大，风速廓线的斜率也有减小的趋势；而且由于风速的增加，风速廓线之间的差别也在减小，风速廓线在图中表现为更加紧密。与植被模型行距对于风速廓线影响的规律性相似，植被模型株距对于风速廓线影响的规律也具有普遍性。

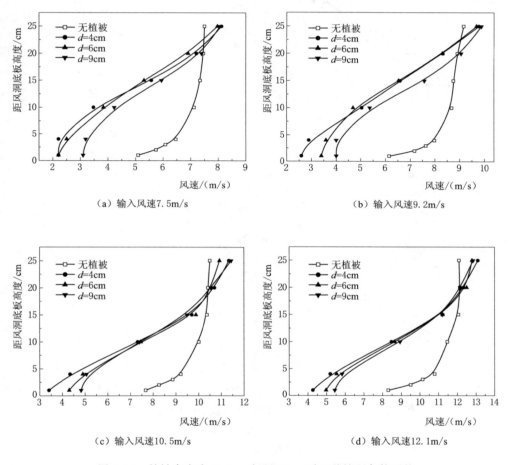

（a）输入风速7.5m/s

（b）输入风速9.2m/s

（c）输入风速10.5m/s

（d）输入风速12.1m/s

图 4.17　植被高度为 10cm，行距 15cm 时三种株距条件下的
风速廓线与无植被风速廓线对比

（植被模型为错落排列）

4.5.1.3　植被模型高度的影响

　　图 4.19 是行距为 20cm 时，两种高度植被模型，两种株距条件下的风速廓线的对比。由图可以看出，高度为 10cm 的植被模型比高度为 5cm 的模型对于

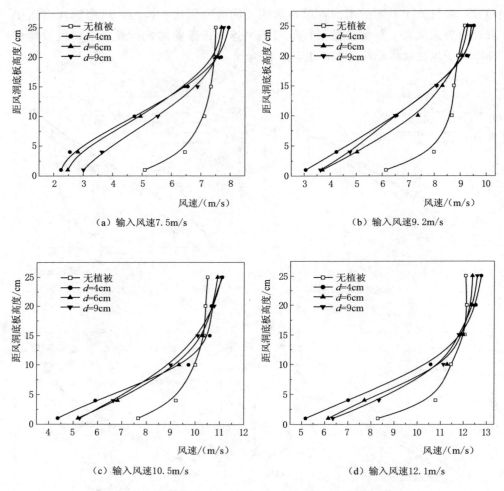

（a）输入风速7.5m/s   （b）输入风速9.2m/s

（c）输入风速10.5m/s   （d）输入风速12.1m/s

图 4.18　植被高度为 5cm，行距为 15cm 时三种株距条件下的
风速廓线与无植被风速廓线对比
（植被模型为重合排列）

风速的消减效果要好。这是由于植被冠层的存在，使近地表气流的流场发生改变，一部分气流由于植被层的阻挡被迫抬升，从而使从植被层中穿梭通过的气流减少，风速降低。从图中还可以看出，除了无植被覆盖下垫面条件下，风速随高度变化遵循对数规律外，由于植被的存在，破坏了地面之上一定高度内的上述规律；在植物模型高度之下，风速受植物单体的影响十分明显，风速梯度随植被特征的变化十分杂乱；而在植被模型高度之上，风速梯度随植被层变化

呈现出有规律的变化。通过风速数据分析也可以看出，在植被层以上风速随垂直高度仍呈对数规律变化，并且其变化特征与植被条件关系密切。

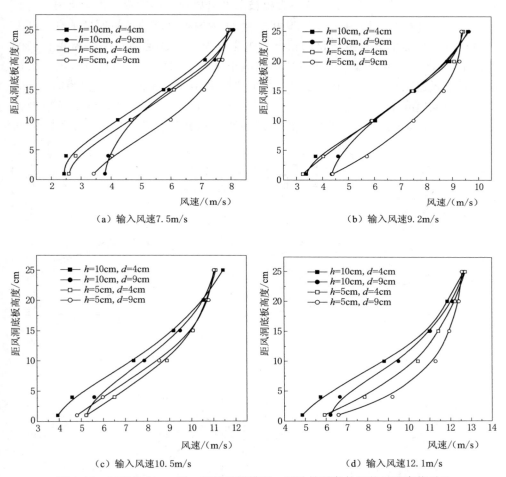

（a）输入风速7.5m/s   （b）输入风速9.2m/s

（c）输入风速10.5m/s   （d）输入风速12.1m/s

图 4.19　行距为 20cm 时，两种植被模型、两种株距条件下的风速廓线对比

（植被模型为错落排列）

4.5.2　植被条件对于挡风效果的影响

由于植被层的阻挡和削弱作用，有植被覆盖时近地表垂直方向上各点的风速与无植被时相比普遍减小，风速的减小率就是衡量有植被时风速减小程度的物理量，用 W 表示，其计算式为

$$W = \frac{u - u'}{u} \times 100\% \qquad (4.6)$$

式中：u、u'分别为无植被和有植被时相同高度上的风速值。

通过对风速减小率与各种植被条件关系的研究，可以找到对垂直高度上各点风速影响较大的植被因素，从而为植被条件对风速的影响提供理论支持。

（1）植被高度的影响。图 4.20 和图 4.21 为两种高度的植被模型垂直高度上的风速减小率随植被行距变化的情况，纵坐标所示的风速减小率是行距相同的条件下，4cm、6cm、9cm 三种株距风速减小率的平均值。由图可以看出，植被高度对于风速减小率有一定的影响，当下垫面为 10cm 高度的植被模型时，4cm 高度处的风速减小率最大，其次为 1cm 高度处和 10cm 高度处；当植被模型高度为 5cm 时，1cm 和 4cm 高度处的风速减小率虽然均高于 10cm 高度处，但两

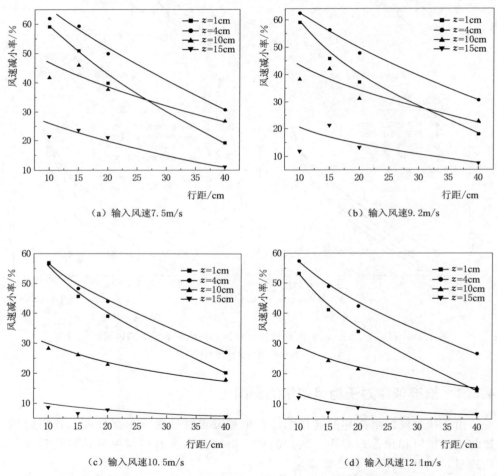

（a）输入风速 7.5m/s

（b）输入风速 9.2m/s

（c）输入风速 10.5m/s

（d）输入风速 12.1m/s

图 4.20 植被模型高度为 10cm 时，垂直高度上风速的减小率随植被模型行距变化的情况

（z 表示距下垫面的垂直高度，植被模型为错落排列）

者差别不大，如果以风速减小率为 35％ 作为衡量植被有效降低风速的标准，高度为 10cm 的植被模型，其降低风速的有效作用高度在 8cm 左右，而高度为 5cm 的植被模型，其降低风速的有效作用高度仅有 3cm。

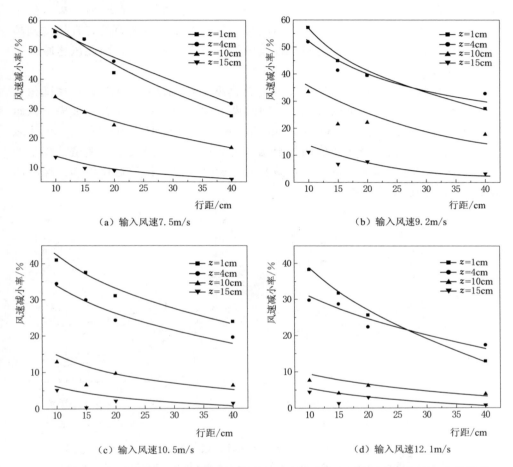

图 4.21 植被模型高度为 5cm 时，垂直高度上风速的减小率随植被模型行距变化的情况
（z 表示距下垫面的垂直高度，植被模型为错落排列）

（2）输入风速的影响。由图 4.20 和图 4.21 可以看出，随着输入风速的增加，在相同床面的条件下，风速减小率呈降低趋势，并且植被模型高度为 5cm 床面的风速减小率比高度为 10cm 的床面下降更加明显，这是由于随着输入风速的增大，植被对于气流的阻挡和削弱作用并没有随之增大，或者没有输入风速增加的程度大，从而表现为植被作用效果相对减小，植被对于风速减小率的影响降低。由此可见，随着输入风速的增大，植被的挡风效果在不断降低。

（3）植被行距的影响。由图4.20和图4.21可以看出，两种高度的植被模型的风速减小率随着行距的增加均呈减小的趋势，且以1cm和4cm高度处的减小幅度为最大，10cm和15cm高度处的减小幅度变化较小，这一方面是由于10cm和15cm高度处的测点在植被层以上，风速减小率的绝对值较小，基本处于30%以下，因此随行距的增大变化不明显；另一方面该高度处没有直接受到植被层的阻挡作用，只是植被层阻挡气流的惯性力在发挥作用，因此风速减小率的减小幅度较小。

（4）植被株距的影响。图4.22是植被模型4cm高度处的风速减小率随植被株距变化的情况。由图可以看出，不同高度上的风速减小率随着植被模型株距的增加均呈减小的趋势，高度为10cm和5cm的植被模型其4cm高度的风速减小率均随株距的变化服从相似的指数函数形式；由于风速减小率随植被模型的行距和株距的变化趋势均呈指数递减趋势，通过实测数据的对比可知，株距的变化对风速的改变影响更大。

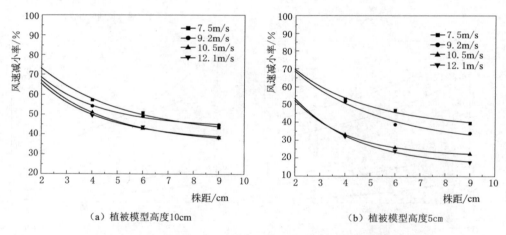

（a）植被模型高度10cm   （b）植被模型高度5cm

图4.22　两种植被模型4cm高度处风速的减小率随株距变化的情况
（图中纵坐标风速减小率为四种行距条件下风速减小率的平均值，植被模型均为错落排列）

（5）植被侧影盖度的影响。植被的侧影盖度与植被覆盖度一样，都是表征植被结构的参数，但与植被覆盖度相比，植被侧影盖度能够更好的描述植被迎风侧面在不同植被条件时的变化。图4.23是下垫面垂直高度上各测点的风速减小率与植被侧影盖度的关系图。由图看出，不同高度上的风速减小率与植被的侧影盖度具有很好的相关性，其变化趋势符合指数函数形式；通过两种高度的植被模型之间的对比可知，植株高度较高，密度较小植被的防风蚀效果可由植株高度较矮、种植密度大的植被达到。

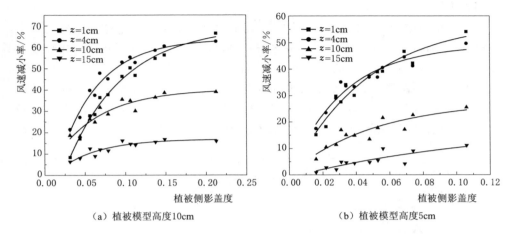

（a）植被模型高度10cm　　　　　　　　　　（b）植被模型高度5cm

图 4.23　下垫面垂直高度上风速的减小率与植被侧影盖度的关系

（图中风速减小率为四种输入风速条件下风速减小率大的平均值，植被模型均为错落排列）

4.5.3　植被条件对于下垫面空气动力学参数的影响

下垫面空气动力学粗糙度是一个表征下垫面粗糙状况的物理量，其值的变化与两种因素有关：一是下垫面的凸起状况，二是近地表的大气层结构；植被覆盖的下垫面，上述两种情况均发生变化，因此下垫面空气动力学粗糙度也随之发生变化。通过研究植被条件与下垫面空气动力学粗糙度的关系，进一步揭示了植被条件对于下垫面空气动力参数的影响。

光滑地表空气动力学粗糙度 z_0 的确定，通常是以风速按对数规律分布为依据，从风速廓线理论推算得到。在同一地点，z_0 可以由两个已知高度的风速值求出，如式所示：

$$z_0 = \exp\left[\frac{u_1 \ln z_2 - u_2 \ln z_1}{u_1 - u_2}\right] \tag{4.7}$$

式中：u_1、u_2 分别是高度 z_1、z_2 处的风速。

当地表有植被覆盖时，近地表流场发生变化，气流受植被的影响被迫抬升，此时呈对数分布的风速廓线相应地发生位移，把原来在光裸地面上的空气动力学粗糙度 z_0 向上抬升一个位移量 z_0'，这个位移量 z_0' 叫做零风速平面位移高度，因此风速廓线方程相应地调整为

$$u = \frac{u_*}{\kappa} \ln \frac{z - z_0'}{Z_0} \tag{4.8}$$

式（4.7）为植被冠层以上的风速垂直分布方程，Z_0 为植被覆盖地表的空气动力

学粗糙度。

（1）植被侧影盖度的影响。图 4.24 表示的是植被覆盖的下垫面空气动力学粗糙度 Z_0 随植被侧影盖度 P 的变化情况。从图中可以看出，下垫面的粗糙度与植被的侧影盖度具有较好的相关性，在不同的风速条件下，空气动力学粗糙度 Z_0 与植被侧影盖度 P 的关系服从相似的指数函数，但其增加率随植被侧影盖度的增大而逐渐减小，并最终趋于零。因此，下垫面空气动力学粗糙度有一个极值，这一规律对于指导半干旱区的植被恢复具有十分重要的现实意义。

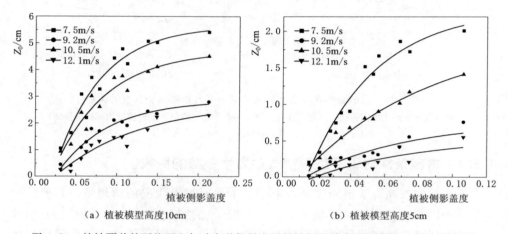

（a）植被模型高度10cm   （b）植被模型高度5cm

图 4.24　植被覆盖的下垫面空气动力学粗糙度随植被侧影盖度的变化情况（错落排列）

（2）植被特征的影响。下垫面的空气动力学粗糙度随植被侧影盖度的增大而增大，而且两者呈正相关的关系，因此有利于植被侧影盖度增加的因素都间接地促进粗糙度的增加，如植被高度的增加，植被密度的增加等。本次实验的植被模型高度有 10cm 和 5cm 两种，在其他植被相同的情况下，10cm 高的植被模型的侧影盖度是 5cm 植被模型的两倍，因此从粗糙度的角度分析，高度为 10cm 的植被模型的防护效果好于高度为 5cm 的植被模型；植被密度的变化也直接影响到植被的侧影盖度，进而影响到下垫面的空气动力学粗糙度，即植被的株距和行距的变化影响到植被侧影盖度的变化，从而进一步导致粗糙度的变化，而植被的株距和行距与植被的侧影盖度呈负相关关系，因此植被的株距和行距应该与粗糙度呈负相关关系，粗糙度均随植被模型行距和株距的增大而减小。

（3）植被排列方式的影响。通过分析可以看出，植被模型为错落排列时，下垫面空气动力学粗糙度随输入风速的增加而减小，随植被侧影盖度的增大而增大，并且与植被模型高度呈正相关关系，与模型行距、株距呈负相关关系。

图 4.25 是植被模型为重合排列时，下垫面空气动力学粗糙度随植被侧影盖度变化的情况。由图可以看出，以上在植被模型错落排列中分析得到的规律同样体现在植被模型排列方式为重合的风洞实验数据中。在植被侧影盖度相同的情况下，错落排列的植被模型其下垫面的空气动力学粗糙度要高于重合排列的植被模型，植被为错落排列的防风蚀效果好于重合排列。

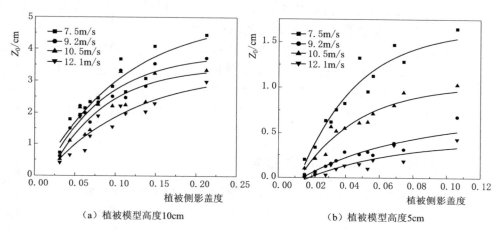

（a）植被模型高度10cm   （b）植被模型高度5cm

图 4.25　植被覆盖的下垫面空气动力学粗糙度随植被侧影盖度的变化情况（重合排列）

4.6　植被覆盖条件下地表输沙率模型研究

在半干旱区，风沙流是风蚀物进行迁移的主要形式，植被通过对地表的保护作用，增大地表沙粒的起动风速，从而使地表沙粒难以起动，减小风蚀的发生，从而在一定程度上改变了风沙流。在已有的研究中，风沙流及风蚀的程度主要依靠风蚀输沙率进行衡量，因此建立有植被参数的风蚀输沙率模型能够深入研究植被条件对于风蚀输沙率的影响程度。

4.6.1　模型变量的引入

植被覆盖率常被用作风蚀保护作用的描述变量，着重考察的是植被垂直方向的投影面积在下垫面上的比率，植被覆盖率越大，防护效果越好。植被覆盖率的概念对于植被顶面的防护效应能够进行较好的反映，这对于生长在干旱地区的贴地面生长的植物具有较好的描述效果。在本次实验中，植被覆盖率作为一个描述植被条件的重要变量将仍旧被采用，主要用于考察植被覆盖对沙粒起动速度的影响，植被覆盖率用 V_c 表示。

基于垂直投影面积比率的植被覆盖率概念，实际上并不能完全准确地描述植被对风蚀地表的保护，植被侧影盖度能够很好地表示植株高度、宽幅及疏密程度等形态结构特征差异，可比植被覆盖率更有效地区分乔、灌、草等不同植被类型防风效应上的差异；此外，植被侧影盖度的概念还可直接建立植被覆盖与地表粗糙度、地表摩阻速度、临界摩阻速度等变量之间的定量关系，从而有利于定量考察植被覆盖的防护效应。因此，引入植被侧影盖度作为描述变量，可以更好地描述植被条件，将使风蚀量的计算更加准确。

此外，植被的排列方式对于输沙量影响也是一个很重要的因素，相同的植被覆盖率和植被侧影盖度条件下，由于植被排列方式的不同在输沙量上会产生很大的差异，因此有必要在以上两个参数的基础上，引入一个表征植被分布方式的参数 A，A 称之为植被分布系数，表征植被的分布方式对于植被挡风效果的影响。

4.6.2 地表输沙率模型的理论推导

设无植被覆盖沙粒的起动速度为 u_t，有植被覆盖的沙粒起动速度为 u_t'，$f(V_c)$ 是植被覆盖率 V_c 的函数，用以表征植被覆盖率对于沙粒起动速度的影响，因此有：

$$u_t' = u_t \cdot f(V_c) \qquad (4.9)$$

式中，$f(V_c)$ 应该满足两个基本条件：①取值为大于或等于 1 的正数，单调递增，表示沙粒起动风速随着植被覆盖率的增大而增大的实际情况；②满足 $f(0)=1$ 的边界条件，表示当没有植被覆盖存在时，沙粒的起动速度不发生改变。

根据以上分析，能够同时满足上述两个条件的函数形式应该为指数递增函数形式。Wasson & Nanninga 也曾对 $f(V_c)$ 的形式进行过推导，推导结果经黄富祥、张春来等的风洞实验数据证实，$f(V_c)$ 确实为指数函数的形式，只是函数的具体形式和系数随实验条件的不同有所改变。

设无植被覆盖时，一定高度 z 上的风速为 u，有植被覆盖时，z 高度上的风速为 u'，$g(A，P)$ 为植被侧影盖度 P 和植被分布系数 A 的函数，用以表征植被条件对于流经植被的气流速度的影响，因此有：

$$u' = u \cdot g(A,P) \qquad (4.10)$$

式中，函数 $g(A，P)$ 应该满足两个基本条件：①取值为小于或等于 1 的正数，单调递减，表示流经植被后的风速随着植被侧影盖度的增大而减小的情况；②满足 $P=0$，$g(A，P)=1$ 的边界条件，表示当没有植被覆盖存在时，近地表风速不发生改变。因此，能够同时满足以上两个条件的函数应该为指数函数，在函数 $g(A，P)$ 具体形式上，无已有的研究结果可以参考，因此需要在本次风洞实验中给出。

根据已有研究输沙率模型的结果，有植被覆盖条件下的输沙率应该与输入风速和起动风速差值的三次方成正比，即

$$q \propto (u' - u'_t)^3$$

而且输沙率还应该与沙粒的粒径、形状、风速测量高度等条件有关，因此在输沙率模型中加入 Buckley 研究结果中的 B，所以输沙率模型的形式为

$$q = B(u' - u'_t)^3 \tag{4.11}$$

将式（4.9）和式（4.10）导入式（4.11）中，可以得到

$$q = B[u \cdot g(A, P) - u_t \cdot f(V_c)]^3 \tag{4.12}$$

式中：q 为风蚀输沙率；B 为常量系数；u、u_t 分别为无植被覆盖时一定高度上的风速值和沙粒起动风速，在沙粒粒径一定的情况下 u 和 u_t 为常数；V_c 为植被覆盖率；P 为植被侧影盖度；A 为植被排列系数。

当下垫面无植被覆盖时，植被覆盖率 V_c 和植被侧影盖度 P 均为零，此时 $g(A, P)$ 和 $f(V_c)$ 均为 1，式（4.12）的形式变为

$$q = B[u - u_t]^3 \tag{4.13}$$

此时式（4.13）的形式，与 Buckley、Wasson & Nanninga 所总结的无植被时的输沙率模型形式一致。

在式（4.13）中，B 是常量系数，与沙粒粒径和形状有一定关系，其计算公式为

$$B = aC \sqrt{\frac{r}{R}} \frac{\rho}{g} \tag{4.14}$$

$$a = [0.174 / \lg(z/z_0)]^3$$

式中：C 为沙粒的分选系数，它随着沙粒粒径分布的不同而不同，对于天然混合沙 $C = 1.80$；z 为测定沙粒起动风速的高度；z_0 为地表粗糙度；r 为所研究的沙粒粒径；R 为标准沙粒粒径，一般为 0.25mm；ρ 为空气密度；g 为引力常数。

4.6.3　地表输沙率模型的验证

地表输沙率模型的确定主要包括风速减小方程和起动风速方程的导出。选用 4cm 高度处的风速比值与植被侧影盖度进行曲线拟合，得到风速减小方程，拟合结果如图 4.26 所示。拟合曲线方程为

$$g(A, P) = k_1 + k_2 \exp(-k_3 AP) \quad (A = 1) \tag{4.15}$$

曲线拟合的结果显示，风速比值与植被侧影盖度具有很好的相关性，拟合曲线符合指数函数形式，这与前文对 $g(A, P)$ 函数形式的预测是一致的。

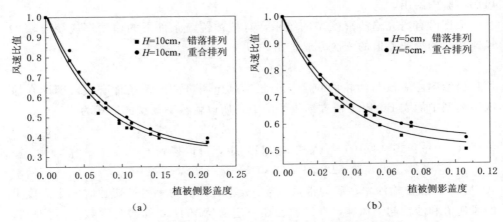

图 4.26　有植被时风速与无植被时风速比值和植被侧影盖度的关系

随着植被条件的改变，沙床中沙粒的起动风速也发生改变。将有植被时的起动风速与无植被时的起动风速的比值与植被覆盖率进行相关性分析，发现两者具有较好的相关性，其变化趋势符合指数曲线的变化规律，得到起动风速方程，拟合结果如图 4.27 所示。拟合曲线方程为

$$f(V_c) = k_4 + k_5 \exp\left(-\frac{V_c}{k_6}\right) \tag{4.16}$$

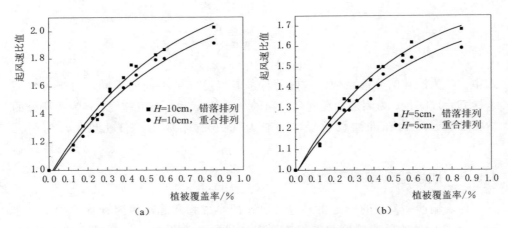

图 4.27　有植被和无植被时起动风速比值与植被覆盖率的关系

将拟合得到的曲线方程代入式（4.13）中，得到

$$q = B\left\{u\left[k_1 + k_2\exp(-k_3 AP)\right] - u_t\left[k_4 + k_5\exp\left(-\frac{V_c}{k_6}\right)\right]\right\}^3 \tag{4.17}$$

其中 $B = aC\sqrt{\dfrac{r}{R}}\dfrac{\rho}{g}$，式中 a 由 $[0.174/\lg(z/z_0)]^3$ 计算得到，其中 $z = 4\text{cm}$，$z_0 = 0.0005\text{cm}$，计算得到 $a = 8.860 \times 10^{-5}$；实验用的模型沙为坝上地区的风沙土，沙粒以中细沙为主，沙粒粒径可取 $r = 0.18\text{mm}$，标准沙粒粒径 $R = 0.25\text{mm}$，空气密度 $\rho = 0.00125\text{g/cm}^3$，引力常数 $g = 980\text{cm/s}^2$，因此计算得到 $B = 1.726 \times 10^{-10}$。所以式（4.17）可以写为

$$q = 1.726 \times 10^{-10} \left\{ u\left[k_1 + k_2 \exp(-k_3 AP) \right] - u_t \left[k_4 + k_5 \exp\left(-\frac{V_c}{k_6} \right) \right] \right\}^3$$

$$\text{(4.18)}$$

由式（4.18）得出的输沙率 q 的单位是 g/(cm·s)，式中 k_1、k_2、k_3、k_4、k_5、k_6 为系数，其取值范围见表 4.4。

表 4.4　　　　　　　　　　输沙率模型中各系数的取值范围

排列方式	植被模型高度/cm	各 系 数 的 取 值						
		k_1	k_2	k_3	k_4	k_5	k_6	A
错落排列	10	0.3237	0.6932	14.819	2.4289	−1.475	0.6160	1
错落排列	5	0.5081	0.4913	30.836	1.8562	−0.877	0.4983	1
重合排列	10	0.3237	0.6932	14.819	2.2893	−1.348	0.6053	0.86
重合排列	5	0.5081	0.4913	30.836	1.8015	−0.817	0.5639	0.65

将由输沙率模型计算出的输沙率与风洞实验测得的输沙率进行对比。图4.28 所表示的是风蚀输沙率模型理论值与风洞实验测定值的对比图。从图中可以发现，两者之间具有一定的差异，但总体上模型计算值接近于实际测定值，这说明该输沙率模型符合实际规律。从左右两图的对比中可以发现，输沙率模

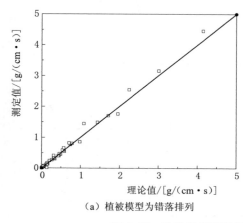
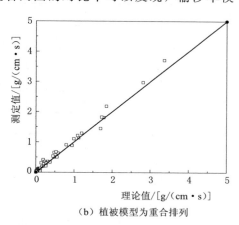

（a）植被模型为错落排列　　　　　　　　（b）植被模型为重合排列

图 4.28　输沙率模型理论值与风洞实验测定值的对比

型计算值与植被为错落排列的床面的输沙率测定值吻合的较好，而植被为重合排列的输沙率测定值略高于输沙率模型计算值，但均在误差范围之内，因此可以说明上述推导的输沙率模型符合实际规律，可以应用于有关输沙率的计算。

4.7 风蚀输沙率的垂直分布特征研究

风沙活动是重要的地貌过程，而输沙率则是控制风成地貌形成与演变和形成风沙危害的基本要素。对于风沙活动研究而言，比较注重的是输沙率的垂直分布情况，即风沙流的垂直结构。因为风沙流的垂直结构是不同轨迹运动沙粒在垂直方向上的宏观反映，是联系宏观与微观的桥梁。尤其是研究植被条件对于风蚀输沙率垂直分布的影响，有助于了解植被对于风沙运动的微观影响，其理论价值和实际意义均十分重大。

4.7.1 下垫面无植被时风蚀输沙率随垂直高度的变化

本次风洞实验首先进行了无植被的光滑沙面的风蚀输沙率的垂直分布实验。风洞实验的输入风速为 12m/s，实验结果见表 4.5。

表 4.5　　　　　　　　无植被时风蚀输沙率随垂直高度的变化情况

垂直高度/cm	风蚀输沙率/[g/(cm·s)]	占总风蚀输沙量的百分比/%	各高度层的百分含量/%
1	39.09	44.74	
2	22.71	25.99	
3	9.20	10.53	90.13
4	4.82	5.52	
5	2.93	3.35	
6	1.86	2.13	
7	1.32	1.51	
8	0.99	1.13	6.32
9	0.75	0.86	
10	0.60	0.69	
11	0.49	0.56	
12	0.38	0.43	
13	0.33	0.38	2.01
14	0.31	0.35	
15	0.25	0.29	

垂直高度/cm	风蚀输沙率/[g/(cm·s)]	占总风蚀输沙量的百分比/%	各高度层的百分含量/%
16	0.21	0.24	
17	0.18	0.21	
18	0.16	0.18	0.96
19	0.16	0.18	
20	0.13	0.15	
21	0.12	0.14	
22	0.12	0.14	
23	0.10	0.11	0.57
24	0.08	0.09	
25	0.08	0.09	

从表4.5中可以看出，风蚀输沙率随垂直高度的增加迅速减少，并且风蚀输沙率的90%集中在距下垫面5cm的范围内，而在3cm的高度内输沙量占5cm高度内总输沙量的75%以上，这说明无植被时的风蚀输沙是一种贴近地表的沙粒迁移运动。

在风力作用下，地表沙粒运动有三种基本形式：蠕移、跃移和悬移。当空气中沙粒的沉降速度小于气流向上的脉动速度时，沙粒将在气流中保持一定时间而不与地面接触，称为悬移。沙粒从气流中获得水平动量加速前进，在落回地面时具有相当大的动能，其冲击作用会使下落点周围的沙粒飞溅起来，并进入气流中，这种运动方式称为跃移。还有一种沙粒主要通过跃移沙粒的冲击而获得动量，并沿地表滚动或者滑动，这种运动方式称为蠕移。在风力作用下，地表沙粒运动的三种基本形式如图4.29所示。

在自然条件下，蠕移沙粒的运动高度一般在距地表2cm以下，跃移沙

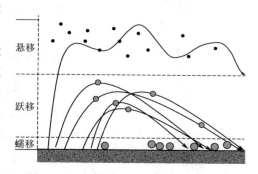

图4.29　地表沙粒运动的三种基本形式

粒的运动高度为2～30cm，而悬移沙粒的运动高度一般在30cm以上，有的甚至可达到1000m的高空，形成风蚀沙粒的远距离输送。在风洞内部，由于沙粒的运动受到风洞边壁的影响，因此沙粒三种运动形式的高度有所下降。在本次风洞实验中，通过观察发现蠕移沙粒一般是贴近沙床表面运动，高度在1cm以下；跃移沙粒的活动范围为1～15cm；风洞中依靠悬移运动的沙粒较少，主要是一

些粒径较小的粉尘，其运动高度一般在 15cm 以上。

因此，结合表 4.5 中数据可以看出，蠕移颗粒，即 1cm 高度内沙粒占总输沙量的 44.74%；跃移颗粒，即 1.5～15cm 内的沙粒占总输沙量的 53.72%，两者合计占总输沙量的绝大部分，悬移沙粒只占总输沙率的 1.54%。这说明输入风速为 12m/s 时，风洞中沙粒的运动主要以蠕移和跃移为主。

将无植被时风蚀输沙率与垂直高度进行曲线拟合，发现两者的相关性较好，拟合曲线符合幂函数曲线形式，如图 4.30 所示，拟合方程如下：

$$q = a_6 z^{b_6} \tag{4.19}$$

式中：q 为输沙率，g/(cm·s)；z 为垂直高度，cm；$a_6 = 11.67$、$b_6 = -0.4737$，$R^2 = 0.9911$。

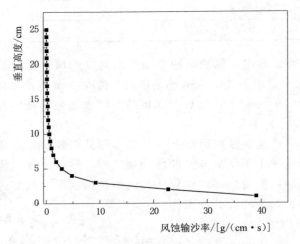

图 4.30　风蚀输沙率随垂直高度的变化

这说明风蚀输沙率在垂直高度上是按照幂函数的形式递减的。

与此同时在典型示范区进行了野外风沙观测，通过在高效农田中设立的集沙仪对风蚀输沙率进行了采集。在野外使用的集沙仪与在风洞中使用的集沙仪结构相同，但型号稍大，每个集沙管的高度为 3cm，因此可以测量距地表 75cm 内的输沙率。河北坝上地区 4 月时农田地表几乎无植被覆盖，通过对风蚀输沙率数据进行分析后，发现野外风蚀输沙率随垂直高度也是呈幂函数递减，如图 4.31 所示。拟合曲线方程为

$$q = a_7 z^{b_7} \tag{4.20}$$

其中 $a_7 = 506.92$、$b_7 = -1.1982$，$R^2 = 0.9508$。这说明风洞中风蚀输沙率的垂直分布特征与野外风蚀输沙率的分布特征一致。

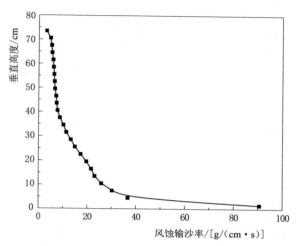

图 4.31 野外风蚀输沙率随垂直高度的变化

4.7.2 下垫面有植被覆盖时风蚀输沙率随垂直高度的变化

当下垫面有植被覆盖时，一方面使地表的沙粒起动速度增大，沙粒不易发生运动；另一方面由于植被层的存在，使沙粒的运动形式发生变化，在一定程度上改变了风蚀物在垂直高度上的分布。在本次风洞实验中，进行了 12 种植被覆盖床面的扬沙实验，输入风速均为 12m/s，实验结果经分析后汇总到表 4.6 中。

表 4.6   各种下垫面风蚀输沙率数据汇总

下垫面类型	排列方式	总风蚀输沙率 /[g/(cm·s)]	各高度层风蚀量所占比例/%			
			1～5cm	6～10cm	11～15cm	16～25cm
无植被	—	87.37	90.13	6.32	2.01	1.53
$H=10cm, d=4cm$	错落排列	2.39	54.81	17.99	13.81	13.39
$H=10cm, d=6cm$	错落排列	7.38	82.66	8.13	4.61	4.61
$H=10cm, d=9cm$	错落排列	11.33	86.67	6.53	3.35	3.44
$H=10cm, d=4cm$	重合排列	5.55	89.37	5.05	3.06	2.52
$H=10cm, d=6cm$	重合排列	9.62	90.13	4.99	2.70	2.18
$H=10cm, d=9cm$	重合排列	18.58	91.71	4.74	1.94	1.62
$H=5cm, d=4cm$	错落排列	2.88	88.19	6.60	4.17	1.04
$H=5cm, d=6cm$	错落排列	10.16	84.11	8.14	4.07	3.68
$H=5cm, d=9cm$	错落排列	20.79	87.83	6.14	3.07	2.96
$H=5cm, d=4cm$	重合排列	7.48	84.55	6.01	5.45	3.98
$H=5cm, d=6cm$	重合排列	17.23	87.46	5.16	4.78	2.60
$H=5cm, d=9cm$	重合排列	30.54	89.01	4.89	4.36	1.74

注 表中有植被覆盖的下垫面其植被模型的行距均为 10cm。

从表 4.6 中可以看出，植被层存在强烈影响风蚀输沙率以及输沙率的垂直分布情况。对于总风蚀输沙率，由于植被的影响使总输沙率迅速下降。在植被高度 H 为 10cm，株距 d 为 4cm 时，其总输沙率仅为无植被时输沙率的 2.74%，下降了 97.26%。由此可见，植被能够有效地防止地表风蚀的发生。

从表 4.6 中还可以看出，随着植被模型株距的减小，1～5cm 之间的风蚀输沙率比例在减小，而 6～10cm、11～15cm、16～25cm 三层的风蚀输沙率的比例在增加。这说明植被层的存在首先影响到了地表颗粒的蠕移运动，由于 6～10cm、11～15cm 的高度主要是沙粒作跃移运动的高度，因此可以认为风蚀物中作跃移运动的颗粒在增加。这是因为由于植被层的存在，在地表阻挡了进行蠕移运动的颗粒，而作跃移运动的颗粒也因为植被的阻碍，只有跃升高度较高的沙粒才能够进行连续移动，从而造成风蚀物垂直分布中，1～5cm 之间风蚀输沙率的比例减小，而 6～10cm、11～15cm 两层的比例在增加。

从表 4.6 中还可以看出，植被排列方式的不同对于风蚀输沙率的垂直分布也会造成影响。植被模型均为 10cm 的床面中，重合排列床面其 1～5cm 层风蚀输沙率的比例高于错落排列，而 6～10cm、11～15cm 两层风蚀输沙率的比例均低于错落排列。这是由于重合排列可以在床面上形成规则的"风道"，对于沙粒运动的有效阻挡较少，从而容易在"风道"中形成风沙流，因此使沙粒的蠕移所受影响不大，甚至有所增加，所以重合排列的 1～5cm 层风蚀输沙率的比例在增加。

图 4.32 是植被模型高度为 10cm，三种株距条件下风蚀输沙率随垂直高度的分布情况。从图中可以看出，风蚀输沙率的垂直分布随着植被条件的改变也

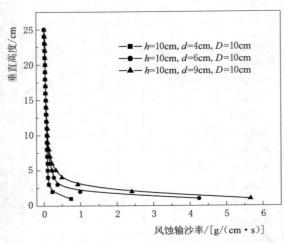

图 4.32　植被模型高度为 10cm，三种株距条件下风蚀输沙率随垂直高度的分布

发生着变化。虽然图中各点仍然符合幂函数的曲线分布，但随着植被模型密度的增加，其形状变化的也更为强烈。从图中还可以看出，在 5cm 以下风蚀输沙率变化较大，而在 5cm 以上由于输沙率较小，因此变化不明显。

4.8　本章小结

　　通过在风洞中模拟自然条件下的大气边界层，测定不同的植被结构参数（高度、行距、株距、覆盖率、侧影盖度）对于风速、风速廓线、下垫面空气动力学参数、沙粒起动风速、风蚀输沙率及其垂直分布的影响，并找出了两者之间的相互关系及其变化规律，初步确定了植被防止风蚀发生的最佳配置模式，其主要结论包括：

　　（1）在植被条件对于近地表风速廓线影响的研究中，无植被时近地表风速随高度的增加而增大，符合对数规律，并且随输入风速的增大，近地表风速梯度逐渐增大；下垫面有植被覆盖时，近地表相同高度上的风速值随植被模型行距和株距的减小而减小，在风速廓线上表现为其斜率随植被模型行距和株距的减小而减小，并且行距和株距愈小，风速廓线愈远离无植被时的风速廓线；高度为 10cm 的植被模型比 5cm 的植被模型的挡风效果好；从无植被和有植被时近地表风速廓线的对比中可以看出，下垫面有植被时，风速廓线随高度不再遵循对数规律，而是以植被高度为界分为两个亚层：粗糙亚层和惯性亚层，下层为粗糙亚层，气流受植物单体的影响强烈，上层为惯性亚层，气流受植物单体的影响微弱，风速变化主要受制于整个植被层的特征，在植被层以上风速随垂直高度仍呈对数规律变化，并且其变化特征与植被条件关系密切。

　　（2）在植被条件对于风速减小率影响的研究中，植被高度对于垂直高度上的风速减小率有一定的影响，如果以风速减小率为 35％作为衡量植被有效降低风速的标准，高度为 10cm 的植被模型降低风速的有效作用高度在 8cm 左右，而 5cm 的植被模型其降低风速的有效作用高度仅有 3cm；随着输入风速的增加，相同的床面条件下，风速减小率呈减小趋势；不同高度上的风速减小率随着植被模型行距和株距的增加均呈减小的趋势，且随垂直高度的增加而减小，两种植被模型其 4cm 高度处的风速减小率随行距和株距均呈指数递减的趋势，但株距的变化对风速的改变影响更大；不同高度上的风速减小率随植被侧影盖度均呈指数递增的趋势，植株高度较高、密度较小植被的防风蚀效果可由植株高度较矮、种植密度大的植被达到。

　　（3）在植被条件对于下垫面空气动力学粗糙度影响的研究中，无植被覆盖和有植被覆盖的下垫面粗糙度均随输入风速的增大而减小；有植被覆盖的下垫面空气动力粗糙度随植被侧影盖度的增大而增大，两者的变化规律符合指数函数形式，但其增加率随植被侧影盖度的增大而逐渐减小，并最终趋于零；有植被覆盖的下垫面粗糙度随植被模型株距和行距的增大而减小，并且覆盖有高度为 10cm 植被模型的下垫面比 5cm 的粗糙度大；在植被侧影盖度相同的情况下，错落排列的植被模型其下垫面的空气动力学粗糙度要高于重合排列的植被模型，植被为错落排列的防风蚀效果要好于重合排列。

（4）在引入植被覆盖率和植被侧影盖度等两个描述植被条件物理量的基础上，通过理论分析，得到了输沙率模型的具体形式为

$$q = 1.726 \times 10^{-10} \left\{ u \left[k_1 + k_2 \exp(-k_3 AP) \right] - u_t \left[k_4 + k_5 \exp\left(-\frac{V_c}{k_6} \right) \right] \right\}^3$$

经与本次风洞实验结果对比，公式的计算结果与实验值基本吻合。因此，该输沙率模型能够较好地反映不同植被条件对输沙率的影响。

（5）在输沙率垂直分布的研究中，主要讨论了风洞中风蚀输沙率的垂直分布情况，通过与野外风蚀输沙率实测数据对比，本次实验结果与自然状况基本吻合。在垂直高度上，风蚀输沙率随高度呈幂函数递减；植被层的存在一定程度上改变了沙粒的运动形式和风蚀输沙率的垂直分布，植被株距的减小将导致近地表附近的风蚀输沙率迅速减小，而重合分布方式的风蚀输沙率要高于错落排列方式。

5 示范区植被调查及优势物种分析

　　为了充分掌握项目示范区小流域的植被种类分布和生长情况，提高示范区小流域的综合治理研究水平，项目组的调查人员对示范区小流域中的植被和土壤进行系统调查和分析，同时充分结合示范区属地社会经济发展情势，对示范区治理前后经济状况进行对比分析，深入研究了基于生态效益和经济效益的风蚀水蚀交错区小流域植被恢复优势种的选择，为系统深入研究风蚀水蚀交错区的风沙治理、土地保护和植被恢复等综合治理措施提供了科学数据和技术保障。

5.1　植物区系划分和植被类型

5.1.1　植物区系划分

　　根据植被调查结果，示范区内共有种子植物 34 科 120 种。种数多的主要有菊科（19 种）、禾本科（18 种）、蔷薇科（12 种）、豆科（9 种）、蓼科（9 种）、唇形科（7 种），其次有藜科（5 种）、十字花科（4 种）、石竹科（3 种）、毛茛科（3 种）、牻牛儿苗科（3 种）等；主要建群种有克氏针茅（Stipa krylovii）、冰草（Agropyron cristatum）、披碱草（Elymus dahuricus）以及早熟禾（Poa annua）、委陵菜（Potentilla tanacetifolia）等。此外，由于草场过牧现象严重导致部分草场退化，不少地方出现成片的狼毒（Stellera chamaejasme）等退化草场的指示群落。

5.1.2 草场植被类型

示范区内草场植被属于典型草原类型，主要分为以下三种群丛：

（1）白茅＋狗尾草群丛：为示范区小流域退耕还草后最重要、最有代表性的草原群丛（见图 5.1）。以芦草胡同村西头退耕的坡耕地为例，以白茅为优势种，狗尾草为次优势种的群丛。该区域封禁 2 年后，植被季相分明，丛中还有贝加尔针茅、蒲公英、荠菜、草麻黄、碱蓬、地榆、尖叶铁扫帚、三裂绣线菊、菊叶委陵菜、瓦松、狼毒、列当、石竹、蓝刺头、苦菜、兴安天门冬、画眉草、狗尾草、刺儿菜、茵陈蒿、刺穗藜、节节草、艾蒿等 23 种，1m² 样方 7 种。区域植被总盖度达 90％，白茅分盖度为 70％，狗尾草分盖度 10％，其他 10％。

图 5.1　白茅＋狗尾草群丛

（2）白茅＋藜群丛：以白茅为优势种，藜为次优势种的群丛（见图 5.2）。以海拔为 1488 米的封禁 2 年的坡上牧地为例，地表有少量的石砾及生长有地衣，植被季相分明，丛中还有碱蓬、地榆、尖叶铁扫帚、三裂绣线菊、菊叶委陵菜、瓦松、狼毒、列当、石竹、蓝刺头、苦菜、山韭、披碱草、兴安天门冬、画眉草、狗尾草、刺儿菜、茵陈蒿、刺穗藜、节节草、艾蒿等 21 种。区域植被总盖度 60％，白茅分盖度约为 40％，藜分盖度约为 10％，其他约占 10％。

图 5.2　白茅＋藜群丛

（3）撂荒地群丛：无明显的优势种（见图 5.3）。以公路边的撂荒地为例，封禁 2 年，植被季相分明，丛中有披碱草、冰草、克氏针茅、小蓟、狼毒、白香草木樨、狗尾草、独行菜、猪毛菜、沙蓬、地肤、水蓼、车前、列当、蓝刺头、早熟禾、艾蒿等 16 种。区域植被总盖度约为 40％。

图 5.3　撂荒地群丛

5.1.3　植被物种调查结果

经过细致周密地现场踏勘和取样调查，项目组搜集了第一手大量珍贵可靠的样本资料，经过认真严格地对比分析，对该区域植被物种进行了系统地调查统计，得到了植被物种调查结果（见表 5.1）。

表 5.1 植 被 物 种 调 查 结 果

植 被 物 种 列 表					
1	节节草	41	克氏针茅	81	三叶委陵菜
2	荞麦	42	狗尾草	82	地蔷薇
3	酸模叶蓼	43	兴安天门冬	83	鹅绒委陵菜
4	刺穗藜	44	山韭	84	二色补血草
5	藜	45	白刺	85	拂子茅
6	碱蓬	46	沙棘	86	旱麦瓶草
7	灯心草蚤缀	47	枸杞	87	华北蓝盆花
8	石竹	48	水蓼	88	黄花蒿
9	棉团铁线莲	49	地肤	89	高山黄华
10	房山紫堇	50	皱果苋	90	黄芩
11	独行菜	51	茅	91	京风毛菊
12	瓦松	52	飞廉	92	赖草
13	三裂绣线菊	53	长萼鸡眼草	93	裂叶荆芥
14	毛花绣线菊	54	天蓝苜蓿	94	柳穿鱼
15	地榆	55	蒲公英	95	毛连菜
16	菊叶委陵菜	56	草麻黄	96	迷果芹
17	白香草木樨	57	冰草	97	全叶马兰
18	小叶锦鸡儿(柠条)	58	无芒雀麦	98	拳蓼
19	蓝花棘豆	59	垂穗披碱草	99	田旋花
20	尖叶铁扫帚	60	老芒麦	100	委陵菜
21	牻牛儿苗	61	野大麦	101	西伯利亚蓼
22	野亚麻	62	贝加尔唐松草	102	叉分蓼
23	小叶鼠李	63	翻白草	103	细裂委陵菜
24	狼毒	64	亚麻	104	小红菊
25	北京黄芩	65	车前	105	旋覆花
26	纤弱黄芩	66	腺梗豨莶	106	羽茅
27	密花香薷	67	巴天酸模	107	远东芨芨草
28	细叶益母草	68	稗	108	直立黄耆
29	地椒	69	斑叶堇菜	109	猪毛菜
30	列当	70	萹蓄	110	紫花野菊
31	线叶猪殃殃	71	播娘蒿	111	瓣蕊唐松草
32	紫菀	72	苍耳	112	花旗竿
33	茵陈蒿	73	糙叶败酱	113	蓬子菜
34	蓝刺头	74	草地早熟禾	114	毛蕊老鹳草
35	刺儿菜	75	齿翅蓼	115	鼠掌老鹳草
36	苦菜	76	达乌里龙胆	116	西伯利亚杏
37	画眉草	77	秦艽	117	黄香草木樨
38	披碱草	78	大丁草	118	毛地蔷薇
39	大麦	79	大果榆	119	细茎黄鹌菜
40	莜麦	80	大籽蒿	120	芒颖大麦草

注 各植物种的性状特征、生长环境及用途见附表。

5.2 土壤理化性质分析

本次土壤理化性质分析取样时间为 2007 年 9 月 19 日，土样分别取自示范区内高效农田，退耕还草后的白茅群落、蒿类群落、狗尾草群落等坡耕地以及退耕还草后的陡坡地，每次取 500g 新鲜土样密封保存，在实验室进行测定，主要测定指标有土壤含水量、土壤 pH 值、土壤有机质含量和土壤硝态氮含量。

5.2.1 土壤含水量

土壤含水量在土壤理化性质测定中是一个很重要的指标，同时也是研究风沙机理的一个重要的参考指标。土壤含水量的大小直接关系到能否起沙以及起沙量的多少，而且土壤理化性质测定的结果都应以烘干土为基础进行计算，从而有利于样品之间分析结果的比较。本次土壤含水量采用 GB 7833—87《森林土壤含水量的测定》中规定的烘干称重法进行测定，测定结果以土壤中的水分质量与烘干后土壤的质量百分比计。

（1）方法原理。土壤含水量分析测定的基本方法原理为：在 105℃ 下，烘去风干土样的吸湿水和新鲜土样中的自由水、吸湿水，在此温度下土壤中的水分被蒸发，而有机质不致分解。

（2）主要仪器。土壤含水量分析测定所使用的主要仪器包括恒温干燥箱、干燥器、铝盒（40mm×25mm）、电子天平（精确度：0.0001g）。

（3）操作步骤。土壤含水量分析测定的主要操作步骤为：

1）取洗净的铝盒编号，在 105℃ 下烘干 4h，置于干燥器中，冷却后在天平上称至恒重（W_0）。

2）将待测土样（风干土过 2mm 筛孔，田间湿土则不过筛）均匀称取 10g，平铺于铝盒底部，称重（W_1）。

3）将铝盒置于干燥箱中，盒盖斜放在盒上，在 105℃±2℃ 下烘干。烘干时间风干土为 4h，湿土为 6h。盖上盒盖，置于干燥器中，冷却 15min，称重。

4）再打开盒盖于干燥箱中，烘干 2h，再称重，至前后两次称重差不超过 0.002g，即为恒重（W_2）。

（4）计算结果。土壤含水量的计算公式如下：

$$土壤含水量 = \frac{W_1 - W_2}{W_2 - W_0} \times 100\%$$

(5.1)

式中：W_0 为铝盒重，g；W_1 为铝盒＋湿土重，g；W_2 为铝盒＋烘干土重，g。

根据测定计算其测定结果见表 5.2。

表 5.2   项目区内土壤含水量测定

土壤样品	高效农田	白茅群落	蒿类群落	狗尾草群落	陡坡地
土壤含水量/%	12.89	9.31	9.20	7.91	16.96

由表 5.2 可以看出，陡坡地的土壤含水量最大，高效农田次之，而退耕还草的坡耕地三种植物群落的土壤含水量差别不大。其原因可能是：陡坡地处于山的阴坡，而且地势较低，故受阳光辐射小，而且雨水经常汇集于此形成径流，因此土壤含水量大；三种植物群落差别不大，而狗尾草的土壤含水量略低是由于狗尾草的植被覆盖度比其他两个群落小，因此水分易蒸发，使土壤含水量变小。由于取样前两天有降水，所以土壤含水量普遍偏高。

5.2.2 土壤 pH 值

土壤 pH 值对于植被种类影响较大，即使是土壤 pH 值有微小的差异也会造成不同的植被景观，而且土壤 pH 值对于植被恢复至关重要，必须筛选出适合本地土壤酸碱性的植物进行栽种，才能保证植物成活率以及达到改善环境的目的。一般土壤采用水浸提法，选用液土质量比为 2.5∶1 进行水浸提取，用电位法测定土壤 pH 值。

(1) 主要仪器。土壤 pH 值测定分析使用的主要仪器包括酸度计、玻璃电极、饱和甘汞电极等。

(2) 选用试剂。土壤 pH 值测定分析使用的主要试剂包括以下三种：

1) pH4.01 标准缓冲溶液：称经 105℃ 烘干的苯二甲酸氢钾（$KHC_8H_4O_4$，分析纯）10.21g 溶于蒸馏水中，并稀释到 1L。

2) pH6.87 标准缓冲溶液：称经 50℃ 烘过的磷酸二氢钾（KH_2PO_4，分析纯）3.39g 和经 120℃ 烘过的无水磷酸氢二钠（Na_2HPO_4，分析纯）3.53g 溶于蒸馏水中，并稀释至 1L。

3) pH9.18 标准缓冲溶液：称 3.80g 硼砂（$Na_2B_4O_7 \cdot 10H_2O$，分析纯）溶于无 CO_2 的蒸馏水中，并稀释至 1L，此液的 pH 值易变，注意保存。

(3) 操作步骤。土壤 pH 值测定分析的主要操作步骤为：

1) 称取通过 2mm 的风干土样 10g 于 50mL 高型烧杯中，加入 25mL 无 CO_2 蒸馏水剧烈搅拌 1min，静置 30min。同时将酸度计预热 20~30min，用两种 pH 标准缓冲溶液反复校正仪器，使标准缓冲溶液的 pH 值与仪器的标度上的 pH 值相一致。

2) 测定时，将玻璃电极的球泡插到土壤悬浊液中，并轻轻摇动以去除表面水膜，随后将饱和甘汞电极插到土壤上部澄清液中，然后读出 pH 值。每测完一个样品需用蒸馏水冲洗电极，并用滤纸将水吸干，每测完 5～6 个样品，再用 pH 标准缓冲液校正一次。

需要特别注意的是，测定前玻璃电极必须活化，可放入蒸馏水中或 0.1mol/L 溶液中浸泡 12h 以上。甘汞电极中应随时补充饱和 KCl 溶液和固体 KCl，使用时要把电极侧口的小橡皮塞取下。

（4）测定结果及分析。经过以上操作步骤进行土壤 pH 值测定，其结果见表 5.3。

表 5.3　　　　　　　　　　　项目区内土壤 pH 值

土壤样品	高效农田	白茅群落	蒿类群落	狗尾草群落	陡坡地
土壤 pH 值	8.73	8.65	7.94	8.51	7.62

由表 5.3 可以看出，由于高效农田、坡耕地中的白茅群落和狗尾草群落的采样地点距离较近，所以，其土壤 pH 值差别不大；而坡耕地的蒿类群落与陡坡地比较接近，所以这两点的土壤 pH 值差别也不大。从总体来看，芦草胡同村的土壤属于微碱性土壤。

5.2.3　土壤有机质含量

土壤有机质含量是评价土地肥力的一个重要参考指标，土壤有机质含量高表明土壤中含有的腐殖质多，土壤肥效高，土壤的生产力水平高。本次测定土壤有机质含量采用 GB 7857—87《森林土壤有机质的测定及碳氮比的计算》中规定的重铬酸钾法测定，其原理是在加热恒温条件下，用一定量的标准重铬酸钾-硫酸溶液氧化土壤有机碳，多余的重铬酸钾用标准硫酸亚铁溶液滴定，由消耗的重铬酸钾量计算出有机碳含量。其化学反应如下：

有机碳的氧化：

$$2K_2Cr_2O_7 + 8H_2SO_4 + 3C \longrightarrow 2K_2SO_4 + 2Cr_2(SO_4)_3 + 3CO_2 + 8H_2O$$

多余重铬酸钾的还原：

$$K_2Cr_2O_7 + 6FeSO_4 + 7H_2SO_4 \longrightarrow K_2SO_4 + Cr_2(SO_4)_3 + 3Fe_2(SO_4)_3 + 7H_2O$$

本法所测的结果与干烧法相比，只能氧化 90% 的有机碳，因此将测得的有机碳乘以校正系数 1.1。

土壤有机质的测定常用有机碳的测定结果乘以 1.724 计算得到。换算常数 1.724 是假定土壤有机质含 58% 碳而来的。

在 2mol/L 酸度溶液中用 Fe^{2+} 滴定 $Cr_2O_7^{2-}$ 时，其滴定曲线的突变范围为 1.22～0.85V。

(1) 主要仪器。土壤有机质含量分析所使用的主要仪器包括硬质试管（18mm×180mm）、小漏斗、油浴锅、铁丝笼、温度计（0～360℃）、吸管（5mL）、分析天平（万分之一）、注射器（5mL）、三角瓶、滴定管（25mL）等。

(2) 选择试剂。土壤有机质含量分析所使用的主要试剂包括以下五种：

1) 0.8000mol/L 1/6$K_2Cr_2O_7$ 标准溶液：准确称取经 130℃烘干 3～4h 的分析纯重铬酸钾 39.225g，溶解于 400mL 水中，冷却后稀释定容至 1000mL 摇匀备用。

2) 0.2mol/L $FeSO_4$ 标准溶液：称取 55.6g 硫酸亚铁（含 7 个结晶水）或硫酸亚铁铵 78.4g，加 200mL 水及 5mL 浓 H_2SO_4 溶解后，加水定容至 1000mL 摇匀备用。

需要注意的是，硫酸亚铁溶液的标定方法为：用万分之一天平准确称取烘干的分析纯重铬酸钾约 0.2000g 3 份，于三角瓶中，加水 70～80mL 溶解，加分析纯浓硫酸 5mL 及 3 滴邻啡罗啉指示剂，用配好的硫酸亚铁溶液滴定至溶液由黄绿色经绿色突变到棕红色为终点，则硫酸亚铁的浓度由式（5.2）计算：

$$硫酸亚铁(mol/L) = \frac{重铬酸钾克数}{滴定用硫酸亚铁铵毫升数 \times 0.04904} \qquad (5.2)$$

3) 邻啡罗啉指示剂：称取邻啡罗啉 1.485g（分析纯）及硫酸亚铁 0.695g 溶于 100mL 蒸馏水中（红棕色络合物），放入棕色瓶中备用。

4) 液体石蜡或植物油 3～4kg。

5) 浓硫酸（比重 1.84，化学纯）。

(3) 操作步骤。土壤有机质含量分析的具体操作步骤如下：

1) 准确称取通过 0.25mm 筛孔风干土 0.1～0.5g（精确到 0.0001），放入干燥的硬质试管中，加入 0.1g 硫酸银，然后用吸管加入 $K_2Cr_2O_7$ 标准溶液 5mL，再用注射器加入浓 H_2SO_4，小心摇匀，管口加上弯颈小漏斗，将试管插入铁丝笼中。

2) 将铁丝笼插入 185～190℃的油浴锅内，保持温度 170～180℃，使溶液沸腾 5min（从试管内溶液开始翻动起准确计算时间），然后取出铁丝笼，擦去管外油液。

3) 用蒸馏水小心将试管内容物无损地洗入 250mL 三角瓶中，使瓶内体积为 60mL 左右，然后加入邻啡罗啉指示剂 3 滴，用 0.2mol/L$FeSO_4$ 溶液滴定，使溶液由黄绿色经绿色突变到红棕色即为终点，记下 $FeSO_4$ 滴定毫升数（V）。

4) 在测定样品的同时，做 3 个空白试验（每笼一次），取其平均值，记下 $FeSO_4$ 毫升数（V_0）。

(4) 测定结果及分析。土壤有机质含量计算公式如下：

$$有机质含量(g/kg) = \frac{\dfrac{0.8000 \times 5}{V_0} \times (V_0 - V) \times 0.003 \times 1.724 \times 1.1}{风干土重} \times 1000$$

(5.3)

式中：0.8000 为 $\frac{1}{6}$ $K_2Cr_2O_7$ 标准溶液的浓度，mol/L；5 为加入的 $K_2Cr_2O_7$ 标准溶液，mL；V_0 为空白溶液消耗 $FeSO_4$ 的体积，mL；V 为待测液消耗 $FeSO_4$ 的体积，mL；0.003 为每毫摩尔 $\frac{1}{4}$ C 的质量，g；1.724 为将有机碳换算成有机质的经验常数；1.1 为经验较正常数；1000 为换算成每 kg 含量。

经过以上操作步骤和计算公式进行土壤有机质含量测定，其结果见表5.4。

表 5.4　　　　　　　　　项目区内土壤有机质含量测定结果

土壤样品	高效农田	白茅群落	蒿类群落	狗尾草群落	陡坡地
土壤有机质含量/(g/kg)	16.9055	11.6284	12.3013	11.3702	26.8578

由表5.3可以看出，陡坡地的土壤有机质含量最大，高效农田次之，而退耕还草的坡耕地三种植物群落的土壤有机质含量差别不大。高效农田有机质含量高是由于农民使用农家肥、化肥等肥料提高土地的肥力，使高效农田比未施肥的退耕还草坡耕地的有机质含量高；而陡坡地有机质含量最高是由于陡坡地处于两侧高山的峡谷中，两侧的地表径流都向这里汇集，从而使被雨水冲刷的山坡地表有机质在陡坡地处淤积，造成此地土壤有机质含量偏高，而坡耕地的三种植物群落有机质含量差异不大。

5.2.4　土壤硝基氮含量

硝基氮在土壤中一般含量很少（但一些干旱地区除外），它是植物能吸收利用的速效性氮，土壤中硝基氮的含量受土壤环境（水热条件、微生物活性）季节的变化和植物不同生育联合体的影响而有显著的差异。硝基氮不易被土壤吸附而易遭淋失，所以雨量多的季节及作物生长盛期含量低，干旱季节及作物收获后含量较高。硝基氮与土壤通气状况也有密切的关系，示范区小流域区域土壤主要以沙质土为主，沙质土孔隙多，硝基氮含量高，是植物氮素的主要来源。

（1）方法原理。酚二磺酸在硫酸存在情况下与硝酸作用生成三硝基酚，然后在碱性条件下生成黄色的碱式盐，其反应如下：

$$C_6H_3OH(HSO_5)_2 + 3HNO_3 \longrightarrow C_6H_2OH(NO_2)_3 + 2H_2SO_4 + H_2O$$

　　　酚二磺酸　　　　　　　　　　三硝基酚

$$C_6H_2OH(NO_2)_3+NH_4OH \longrightarrow C_6H_2(NO_2)_3ONH_4+H_2O$$

三硝基酚　　　　　　黄色络合物

黄色的深浅与硝态氮含量在一定范围内成正相关，可在分光光度计以410nm波长进行比色。酚二磺酸法的灵敏度很高，测定范围为 $0.1\sim0.2\mu g/mL$。

（2）选择试剂。土壤硝基氮含量分析所使用的主要试剂包括以下几种：

1）酚二磺酸：称取纯石炭酸（酚）259mL置于500mL三角瓶中，以150mL浓 H_2SO_4 溶解，再加入75mL发烟硫酸，经沸水浴加热2h，可得酚二磺酸溶液，储于棕色瓶中，使用时须注意其强烈的腐蚀性。若无发烟 H_2SO_4，可用25g酚二磺酸加225mL浓 H_2SO_4，在沸水浴上加热6h配成。

2）1∶1氢氧化铵。

3）纯 $CaSO_4$。

4）纯 $CaCO_3$。

5）活性炭（不含 NO_3^-）。

6）标准硝酸盐溶液：准确称取分析纯 KNO_3 0.7221g溶于水中，定容至1000mL，即含 NO_3^-—N 为 $100\mu g/mL$，取此液50mL稀释至500mL，即含 NO_3^-—N 为 $10\mu g/mL$。

7）标准曲线的制备：吸取 $10\mu g/mL$ NO_3^-—N 溶液1mL、2mL、4mL、7mL、10mL、15mL分别放入8cm直径的瓷蒸发皿中，加入 $CaCO_3$ 0.059g，置于水浴上蒸干，按待测液步骤显色。分别在100mL容量瓶中定容，其 NO_3^-—N 标准系列的浓度为 $0.1\mu g/mL$、$0.2\mu g/mL$、$0.4\mu g/mL$、$0.7\mu g/mL$、$1.0\mu g/mL$、$1.5\mu g/mL$，取出部分溶液在光电比色计上比色，求出回归方程。

（3）操作步骤。土壤硝基氮含量分析的主要操作步骤为：称取新鲜土样50g置于500mL三角瓶中，加入 $CaSO_4$ 0.5g及蒸馏水250mL，振荡10min，放置5min，将上部清液以滤纸过滤。若滤液有颜色则可用活性炭去色。吸取清液25mL于8cm直径的瓷蒸发皿中，加入 $CaCO_3$ 0.050g，在沸水浴上蒸发至干，放置冷却。迅速加入酚二磺酸2mL，将皿旋转，使试剂完全和残渣接触，作用10min后，加水10mL，用玻棒搅拌，使全部残渣溶解。待蒸发皿冷却后，缓缓加入1∶1氢氧化铵液，直至溶液显示黄色，再增加氢氧化铵液3mL，然后移至100mL容量瓶中定容。取出一部分溶液在光电比色计上比色，读数在标准曲线上查得比色液中 NO_3^-—N 含量。另取新鲜土样 $5\sim10g$，在105℃烘箱中烘干称重，计算土壤水分。

（4）测定结果及分析。经过以上操作步骤进行土壤硝基氮含量测定，其结果见表5.5。

表 5.5　　　　　　　　　　　项目区内土壤硝基氮含量测定结果

土 壤 样 品	高效农田	白茅群落	蒿类群落	狗尾草群落	陡坡地
土壤硝基氮含量/(μg/mL)	0.24037	0.18467	0.20249	0.11930	0.31910

由表 5.4 可以看出，陡坡地硝基氮含量最高，其次是高效农田，坡耕地的白茅群落和蒿类群落差别不大，而狗尾草群落的硝基氮含量最少。主要原因可能是：陡坡地处于两边山坡的地表径流汇集的谷底中，土壤中的硝基氮在此聚集，从而使土壤中的硝基氮含量增加。而坡耕地三种植物群落硝基氮含量的不同可能是由于这三种植物在生长过程中对氮素的需求不同所造成的，对氮素需求量大的植物，其周围土壤中硝基氮的含量就低，反之含量就高。

5.2.5　调查结论

通过对项目示范区进行小流域植被调查及土壤理化分析，我们得到了以下几方面的研究成果：

（1）示范区内植被种类丰富，总计有种子植物 34 科 120 种；由于局部草场过牧现象严重，草场退化导致不少地方出现成片的狼毒等退化草场的指示群落。

（2）草场植被属于典型草原类型，主要分有三种群丛，其中"白茅＋狗尾草群丛"为芦草胡同村退耕还草后最重要、最有代表性的草原群丛。

（3）项目示范区土壤属于微碱性土壤，陡坡地的土壤含水量、有机质含量和硝基氮含量最大，高效农田次之，而退耕还草的坡耕地三种植物群落的三项指标差别不大。

综上所述，项目示范区的植被生长分布特点及土壤理化性质为该区域风蚀水蚀的形成提供了适宜的外部条件和基础，是形成风沙活动的主要外部因素之一。

5.3　退耕还林还草前后经济情况调查分析

5.3.1　调查方法

经济情况调查的方法是问卷调查，由调查人员按照事先设计好的调查问卷上的问题逐一询问被调查村民，根据被调查村民的回答如实填写调查问卷。本次调查随机选取了 9 户村民进行采访。调查得到了退耕前后耕地面积、农民收入、农牧业收入结构以及村民家庭结构等四方面的资料。

5.3.2 调查情况分析

（1）村民家庭结构。在调查的 9 户村民中，每户平均有 4.1 人，其中 18 岁以下的有 1.3 人，只有一户村民家庭有 60 岁以上的老人 1 人。

（2）退耕前后的耕地面积。在被调查村民中，退耕前户均耕地面积是 31.22 亩，其中耕地最多的农户有 42 亩耕地，最少的有 17 亩；退耕后户均耕地面积是 9.39 亩，比退耕前减少了 70%，其中退耕后耕地面积最多的只有 13.5 亩，最少的有 3.4 亩。退耕前后不同利用类型的土地面积对比如图 5.4 所示，不同利用类型的土地，其面积在退耕后均有不同程度的减少，其中以莜麦的种植面积减少最多。由于莜麦是坝上农民主要的粮食作物，莜麦种植面积的减少说明芦草胡同村农民已不将解决温饱问题作为耕作的主要目的，通过农业技术的改进和新品种的引进，退耕后的莜麦种植面积已经能够满足农民生活的需要。以上也说明在坝上地区进行退耕还林还草政策是及时的和正确的。

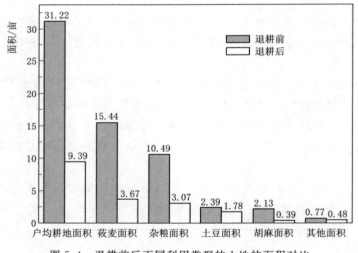

图 5.4　退耕前后不同利用类型的土地的面积对比

（3）退耕前后农民收入情况。退耕前后农民户均收入的对比情况如图 5.5 所示。从图 5.5 中可以看出，虽然被调查村民耕地面积减少了 70%，但是通过调整农业种植结构，农民的户均总收入非但没有减少，反而有大幅度的增加，并且增加部分主要集中在其他收入方面，退耕后的其他收入是退耕前其他收入的 15 倍多。

农业收入略有减少，其主要原因是退耕后，农民土地平均减少了 70% 左右，土地的减少一方面造成农民粮食收入大幅减少，另一方面大部分村民摒弃了原

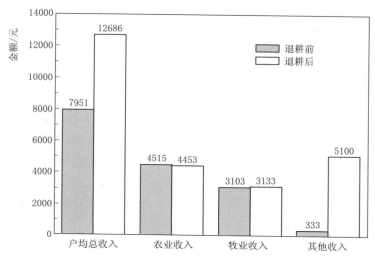

图 5.5 退耕前后农民户均收入的对比

来"广种薄收"的农业生产方式，在保留下来的水利条件比较好的高效农田中，进行蔬菜和其他经济作物的种植，从而在一定程度上弥补了由耕地面积减少带来的收入减少，农业收入整体表现为略有减少。

芦草胡同村农民其他收入的增长主要来自两个方面：一方面是国家对于退耕农民的生活补贴，每退耕一亩耕地补贴 100kg 粮食和 20 元钱；另一方面是退耕后耕地减少，农村剩余劳动力增加，促使多数青壮年外出务工，从而使农民收入增加。

（4）退耕前后的农牧业收入结构。退耕前芦草胡同村农民的农牧业收入结构如图 5.6 所示。从图中可以看出，在农民的收入中的农业收入（种植土豆、莜麦、胡麻和杂粮的收入）占总收入的 56.77%，牧业收入（饲养奶牛和山羊的收入）占 39%，其他收入占 4.19%；并且在调查的 9 户村民中没有种植蔬菜的农户。从中可以看出，农民主要依靠农牧业收入作为生活来源，农民增收的余地不大。

退耕后农民农牧业收入的结构如图 5.7 所示，与图 5.6 相比，图中各种收入的比例相差较大。除蔬菜以外的农业收入比例只有 28.33%，比退耕前减少了 50%；而蔬菜的收入则由退耕前的 0 跃升为 6.75%；同时县乡两级政府出于保护地表植被的目的，鼓励养牛，并且要求养羊户必须圈养，从而造成 9 户被调查村民中，养羊户由原来 6 户下降为 2 户，而每户的养牛数量从 1.1 头增加为 1.8 头，因此在农牧业收入结构图中，饲养山羊的收入比例下降，而饲养奶牛的收入比例上升。在退耕后的农牧业收入结构图中，农民其他收入在总收入中所占比例最大，为 40.2%，并且这部分收入在退耕之前只有 4.19%，其原因如上所述：一是由于国家对于退耕农户进行生活补贴；二是由于农田减少，农村富余劳动力增加，因此外出务工的人数增加，这对于农民增收起到了很大的作用，因此造成农民其他收入增长很快。

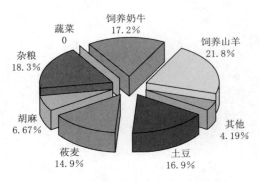

图 5.6　退耕前的农牧业收入结构图

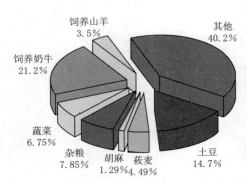

图 5.7　退耕后的农牧业收入结构图

5.3.3　调查结论

通过退耕前后农民收入的对比可以得到以下结论：

（1）退耕后与退耕前的耕地面积相比，户均耕地面积减少了 70%，不同利用类型的耕地面积均有所减少。

（2）退耕后农民总收入比退耕前有较大增长，农业收入受耕地面积减小影响略有减小，牧业收入略有增加，但农民其他收入增长较大。

（3）退耕前后农民收入结构有较大改变。农业收入中，蔬菜收入增长迅速，比例增加；牧业收入中，饲养奶牛的收入比例增加，饲养山羊的收入比例减小；农民其他收入在退耕后总收入中所占比例最大，反映出农民收入结构的改变。

5.4　植被恢复优势物种的选择

5.4.1　植被恢复优势物种选择的主要原则

在生态效益和经济效益兼顾的前提下，风蚀水蚀交错区植被恢复优势物种选择的原则如下：

（1）在进行植被恢复时，应主要以乡土物种为主。该地区生长的乡土物种，已经较好地适应了该地区的气候和水文条件，种子资源丰富，可以较快地进行大面积的植被恢复。

（2）在考虑物种生态效益的同时，要进一步考虑该物种的经济效益。在国家退耕还林还草政策的指导下，为了充分的调动农民群众进行生态恢复的积极性，在进行植物种选择时，必须考虑该物种的经济效益，利用植被恢复的经济效益带动农民生产方式的转变，使生态恢复能够成为农民的自觉行为，从而进一步巩固退耕还林还草的成果，防止"复耕"现象的发生。

（3）对于在其他地区产生巨大生态效益和经济效益的物种，原则上可以引进，但必须进行物种的引种实验。应在小范围内引种外来物种，观察该物种的生长习性和应注意的问题，并着重考察其对其他物种的影响，谨防外来物种入侵效应的发生。

（4）在植被恢复中要始终坚持"因地制宜"原则。由于各地区的土壤、气候以及水文条件均不相同，因此，在植被恢复时，千万不能照搬别处的成果，要根据本地的实际情况灵活运用。

5.4.2　生态恢复植被优势种选择的结果

在进行生态恢复植被优势种选择时，首先在植被调查的结果中挑选有关植物种，然后对该植物种的特性进行一系列的调研分析，如附表1和附表2所示的统计分析结果，在此基础上，综合考虑以上四个原则，最终确定生态恢复的植被优势种。

5.4.2.1　本土物种的选择结果

（1）白香草木樨。白香草木樨，学名：*Melilotus albus desr*，豆科草木樨属二年生草本植物，生长期两年，第2年开花结实后死亡。适应性广，最适于湿润和半干燥气候，抗旱性强，旱作可在降雨量400～500mm地区生长，低于300mm地区须有灌溉条件；耐寒性强，成株耐−30℃以下的低温，对土壤要求不严，肥沃且排水良好的黏土和黏壤土产量最高，沙壤土、黏重土和灰色淋溶土也可种植；耐瘠薄，喜富含石灰质的中性或微碱性土壤，pH值7～9，含氯盐0.2%～0.3%或含全盐0.56%的土壤也能生长，耐盐碱比其他豆科牧草强。白香草木樨不仅防风固沙的生态效益明显，而且是一种适应性强、产量高、牲畜适口性强的优质牧草。白香草木樨现已在芦草胡同小流域大面积种植，为该村畜牧业的发展提供了充足的饲料来源。

（2）黄香草木樨。黄香草木樨，学名：*Melilotus officinalis*（L.）*Pall.*，豆科草木樨属二年生草本植物，生长期两年，第2年开花结实后死亡，高度100～200cm，适宜温湿或半干旱气候，对土壤要求不严，在侵蚀坡地、盐碱地、沙土地及瘠薄土壤上生长旺盛，在含氯盐0.2%～0.3%的土壤上也能生长，抗旱抗寒，抗逆性优于白香草木樨，在其不能生长的地区，可种植黄香草木樨。黄香草木樨由于在抗逆性方面比白香草木樨更强，因此在小流域中白香草木樨生长不佳的地区种植黄香草木樨，经过三年的观察，发现黄香草木樨生长正常，并且产量较高，目前黄香草木樨已在芦草胡同小流域进行种植。

（3）披碱草。披碱草，学名：*Elymus trachycaulus Goulex*，禾本科披碱草属多年生草本植物，高 70～160cm，适应性强，表现在抗旱、耐寒、耐盐碱和抗风沙方面，在降雨量 250～300mm 无灌溉条件的地区生长良好，成株后可在土壤含水量为 5％的情况下正常生长，能耐冬季−40℃低温，能适应较广泛的土壤类型，在黑钙土、暗栗钙土、栗钙土及黑垆土地区均有分布，pH 值 7.6～8.7 的范围内生长良好；有一定的耐盐能力。披碱草的寿命可达 5～8 年，一般利用年限为 2～4 年，因此可以一次种植，多年使用。在芦草胡同小流域，有大面积的野生披碱草种群，历来是放牧时牛羊喜爱取食的草类，可以想见，在山坡地大面积飞播披碱草，不仅生态效益明显，而且所带来的经济效益也是十分可观的。

（4）细叶益母草。细叶益母草，学名：*Leonurus sibiricus L.*，唇形科二年生草本植物。株高 30～120cm，钝四棱形，多在中部以上分枝，但不多，有毛。根生叶具长柄，略呈圆形；茎生叶狭长，均生数裂，裂片狭长。夏秋间，茎上叶腋内生小花呈轮状排列，萼的先端具尖齿 5 个；花冠唇形，淡红紫色至粉红色，上唇圆形，下唇较上唇短，3 裂，中裂片倒心形。小坚果长圆状三棱形，褐色。靠种子繁殖。2004 年 7 月的植被普查时，在小流域的向阳面山坡发现的大面积的野生细叶益母草种群，该种群生长繁盛。因为益母草可以作为药材使用，随意可以作为畜牧业的补充，在防风抗蚀的同时成为农民增收的一个新的增长点。

（5）枸杞。枸杞，学名：*Lycium chinense Mill*，茄科枸杞属植物，多分枝灌木，枝条有纵条纹，皮灰色，柔弱，常弯曲下垂，有棘刺。叶卵形、卵状菱形、长椭圆形或卵状披针形。花在长枝单生或双生于叶腋，在短枝上则同叶簇生。花萼通常 3 中裂或 4～5 齿裂；花冠漏斗状，淡紫色。浆果红色，卵状，果甜而后味带苦。种子较多，扁肾形。花期 6—9 月。果期 9—10 月。枸杞的适应能力强，在小流域有野生分布，从 20 世纪 90 年代以来，在小流域的坡度较小的山坡的进行栽培，现已成林，平均高度 85.5cm，冠幅 95.2cm×95.2cm，防风固沙效果良好，并且已经进入丰产期，每年 10 月，大批村民都会上山采摘枸杞，因此为农民增收创造了条件。

（6）西伯利亚杏。西伯利亚杏，学名：*Prunus sibirica L.*，蔷薇科落叶小乔木或灌木。株高 2～3m。小枝灰褐色或淡红褐色，常无毛。叶卵圆形，长 4～7cm，宽 3～5cm，先端具长尾尖，基部圆形或近心形，边缘具细锯齿，两面无毛或沿叶脉微被短柔毛；叶柄长 2～3cm，有腺体或无。花单生，近无柄，直径 1.5～2cm。萼筒圆筒形，微具柔毛或无毛；萼片长椭圆形，花后反折。花瓣白色或粉红色。雄蕊多数；子房被短柔毛。核果，球形，直径不超过 2.5cm，黄色而具红晕，被短柔毛。果皮较薄而干燥，成熟时开裂。果核平滑，腹棱明显而尖锐，背棱喙状突起。种子味苦。西伯利亚杏抗旱能力强，耐贫瘠，芦草胡同小流域开始种植西伯利亚杏已经有十几年的历史，以前只是当做防风固沙的生态林木种植，近几年来，随着杏仁收购量的增加，广大农民在退耕还林的坡地上开始大面积种植西伯利亚杏，取得了良好的生态和经济效益。

此外，蒲公英、草麻黄、冰草、无芒雀麦、垂穗披碱草、天蓝苜蓿等也是生态效益和经济效益兼顾的植物种，发展前景广阔。

5.4.2.2　引进物种的选择结果

（1）紫花苜蓿。紫花苜蓿，学名：*Medicago Satiya L.*，又名紫苜蓿、苜蓿、苜蓿草，为豆科苜蓿属多年生草本植物。根系发达，种植当年可达 1m 以上，多年后达 10～30m。茎秆斜上或直立，株高 60～100cm。小 3 叶，花成簇状，荚果成螺旋形。紫花苜蓿适应性较广，它抗寒、抗旱性强，能耐−20℃低温，有雪覆盖的话，−40℃也能越冬。因根系强大、入土深，对干旱的忍耐性很强。它富含蛋白质和矿物质，胡萝卜素和维生素 K 的含量较高，蛋白质含量是干物质的 17%～23%，是良好的牲畜饲料。紫花苜蓿在我国北方地区分布很广，但由于以前农村主要以粮食生产为主，对其缺乏足够的重视，随着内蒙古畜牧业的发展，近年来逐渐被坝上地区的农民作为牲畜饲料引种，引种效果良好，不仅解决了发展畜牧业的饲料问题，而且在种植时可以和白香草木樨、黄香草木樨混合播种，由于根部有根瘤，因此对于改良土壤起到了良好的作用，现已成为坝上地区发展畜牧业的首选牧草品种。

（2）沙棘。沙棘，学名：*Hippohae rkmnoides*，为喜光阳性树种，能在疏林下生长，高度一般为 2～6m，最高可达 18m。主要分布于黄土高原地区，近年来各地引种发展迅速。沙柳喜欢生长在疏松、湿润的微酸性、中性和碱性土壤中，多为沙土、沙壤土或壤土。坝上沙地有 1998 年营造的沙棘固沙林，至今已有 7 年，适应性强，生长表现良好。平均高为 73.5cm，冠幅为 75.8cm× 75.8cm，防风固沙效果良好。

（3）柠条。柠条，学名：小叶锦鸡儿，*Caragana microphylla Lam.*，为落叶灌木，叶簇生或互生，偶数羽状复叶。其株高 150～300cm，树皮金黄色。柠条是良好的饲用植物，它枝叶茂盛，营养价值高，含粗蛋白 22.9%、粗脂肪 4.9%、粗纤维 27.8%；种子中含蛋白质 27.4%、粗脂肪 12.8%、无氮浸出物 31.6%。它根系发达，是水土保持、防风固沙的优良品种。柠条是干草原和荒漠草原沙生旱生灌木，极耐干旱、寒冷和贫瘠。不怕风沙，在沙地生长良好，在−32℃能安全越冬。柠条返青早，生育期长，播种第一年的柠条地上部分生长缓慢，第二年生长加快。天然分布于内蒙古西部、陕北的绿洲及黄土高原区。科尔沁沙地、浑善达克沙地也有分布。在河北坝上闪电河以西的干草原地带，也有零星分布，成为小叶锦鸡儿的边缘地带。可见坝上与小叶锦鸡儿分布的边缘地带相邻，生境条件相似性较大，引种比较容易。坝上用直播法引进小叶锦鸡儿2年，幼苗可露地越冬，生长表现良好。

综上所述，根据示范区小流域的野生自然植被情况，依照在生态效益和经济效益兼顾的前提下植被恢复选择四原则，共选出白香草苜蓿、黄香草苜蓿、披碱草、细叶益母草、枸杞、西伯利亚杏等六种适合当地畜牧业和林果业发展的本土物种和紫花苜蓿、沙棘、柠条等三种引进物种，该优势物种均是通过实地栽培验证的，能够适应示范区的自然条件，并且能够为坝上地区生态环境的改善、农民收入的增加和农业结构的改变创造条件。

6 风蚀水蚀形成机理及综合治理措施

6.1 风蚀水蚀特性

土壤侵蚀过程中，由于受气候条件、下垫面状况及人为的影响，形成了不同的土壤侵蚀类型，其中水力侵蚀和风力侵蚀所占比例最大，而且与气候的关系最为密切。我国风水两相侵蚀的方式有5种类型：①风力搬运为主的风水两相侵蚀；②破坏性的风水两相侵蚀；③高原风蚀为主的风水两相侵蚀；④河流作用下的风、水、重力三相侵蚀；⑤风选为主的风水两相侵蚀。

根据示范区所处地理位置和风蚀水蚀观测资料可以看出，芦草胡同小流域的侵蚀方式主要属于高原风蚀为主的风水两相侵蚀。小流域位于坝上地区河北省沽源县的白土窑乡，为典型的坡状高原区，在长期的风蚀作用或人为作用下，沙地的植被遭到破坏，地表发生粗化，在降雨过程中经流水作用形成侵蚀沟，夏季侵蚀以水蚀为主、风蚀为辅；9月以后，侵蚀以风蚀为主、水蚀为辅；5月以后，风蚀逐渐减弱后，侵蚀又以水蚀为主；如此循环，以风蚀和水蚀形成的侵蚀过程在时间上相互交替、补充和加剧，在空间上相互交错与迭加，相互创造形成条件，使得侵蚀过程呈现为风水两相侵蚀。

6.2　风蚀水蚀两相侵蚀形成机理

示范区芦草胡同小流域属于典型的风蚀水蚀交错区，小流域位于海拔1600m 左右的坝上地区，风蚀水蚀两相侵蚀的影响因子和驱动因素主要有气候条件、地质地貌因素、水文条件以及植被和人为因素，风蚀水蚀均为气候作用的产物，其中降水起决定性的作用，地质地貌决定了侵蚀和堆积物的状况，局部的水文条件及土壤水分直接影响土壤侵蚀方式，植被盖度和人为因素作用下的土地利用方式可影响土壤侵蚀类型的过程，并能加速和减缓各种土壤侵蚀作用。

6.2.1　气候条件

气候条件主要包括风力（风速）、降水、蒸发、辐射、气温等多种综合因素，但气候是主要通过降水来影响土壤侵蚀方式的，降水较多地区以水力侵蚀为主，降水少、蒸发强烈的地区以风力侵蚀为主。示范小流域的年降水量约为400mm，主要集中在 6—9 月，降水量约为 310mm，占全年降水量的 76.8％。因此，小流域两相侵蚀特性随着季节变化比较明显：夏季降水相对较多，土壤侵蚀以水力侵蚀为主；冬春季节随着降水的减少及风力活动增强，土壤以风力侵蚀为主。

6.2.2　地质地貌因素

除降水对土壤侵蚀影响较大外，地表物质的可蚀性和地形地貌对侵蚀方式也有很大的影响。地表物质的可蚀性主要是由其固有的性质决定的，影响可蚀性的因素有颗粒粒度组成、水分含量、盐分含量、容重、干团聚体结构及有机质含量等。我国水力侵蚀主要发生在土质松散的黄土高原，而风力侵蚀则主要发生在缺少水分的草原及荒漠地区；在从东南向西北过渡过程中，由于受地形及海拔高度的影响，由半湿润向半干旱的过渡地带，地形的东南侧以水蚀为主，而地形的西北则以风蚀为主，风水两相侵蚀交错主体位于此过渡带内。示范小流域就位于这种半湿润向半干旱过渡地带，属于典型的风水两相侵蚀交错区。

6.2.3　水文条件

水是土壤水力侵蚀的主要动力，但它又是阻止风蚀的主要因素之一。大江大河及湖泊对土壤侵蚀类型起着至关重要的作用，在我国的干旱地区，地表过境客水的长期作用，减少了风蚀作用，但也加剧了部分地区的水蚀作用。湿地保护及土壤水分的增加大大减轻了干旱半干旱地区的风蚀作用。示范小流域属于干旱半干旱地区，年降雨量的70%以上均集中在6—9月，而且降雨时间相对较短，降雨强度相对较大，这样的降雨特点就容易引起水蚀，使得该小流域形成了一些很有特点的冲沟。为了减弱或抑制小流域的水蚀作用和更好的防治水土流失，本次技术示范在小流域上关键部位采取了谷坊、梯田、截流沟等水保工程措施，取得了较好的防治效果。

6.2.4　植被和人为因素

除了以上的风蚀水蚀形成过程的关键因素外，还有一些外在的干扰因素，其中最为突出的就是植被和人类活动。植被生于大气圈与土壤圈之间，干扰气流运动，降低到达地表的有效侵蚀力。人类活动，如开垦和放牧等可以改变地表物质的理化性质，甚至可蚀性。

植被对风蚀过程的干扰表现在三个方面：①直接覆盖地表，防止覆盖部分风蚀过程发生；②减小一定高度内气流对地表的动量传输；③拦截风沙流使沙粒沉积。植被特征如盖度、宽度、形状以及排列方式等对风蚀产生明显的影响，而且植被能引起近地表气流场性质的变化。风洞实验表明，当植被盖度超过30%时，表面附着流将会发育，风蚀以净风风蚀为主，即以吹蚀为主；当植被盖度约小于20%时，孤立粗糙流得到充分发展，风蚀性质以风沙流风蚀为主，即以磨蚀为主。

人为因素可以改变地表气流与地表物质之间的平衡，增加地表物质的可蚀性。从实际情况来看，各种人类经济活动，如不合理的土地翻耕、放牧、樵采等方式都会破坏原始地表的保护物或削弱原地表的抗风蚀能力而影响风蚀及其过程。在示范小流域内，由于受当地村民活动的影响，土地利用方式各种各样，既有农耕方式，又有林地和牧草地；在小流域的某些区域，原本是受水力侵蚀为主的林地和牧草地，但由于长期耕种，地表裸露，侵蚀变为以风蚀为主；而以风蚀为主的荒坡地，经过植树造林，保护生态，反而由风蚀转为轻微的水蚀。因此，人为因素对风蚀水蚀交错区分布边界的变化起着一定的作用。

6.3　植被演化与风沙活动的关系

示范区位于紧邻首都外围的河北坝上地区，土地沙化是这一地区存在的突出生态环境问题，并直接影响北京的生态安全，这一区域的植被演化过程，尤其是土地沙化过程，与北京地区沙尘天气关系密切，通过分析这一区域植被演化与风沙活动的关系，为进一步解决风沙防治问题提供理论基础和依据。

6.3.1 河北坝上地区与北京沙尘天气之间的联系

由于河北坝上地区地处北京上风向，这一地区被确定为北京的风沙源主要来源之一。遥感影像是判断沙尘来源的较为直观的方法，李令军等利用 GMS 卫星资料、地面气象观测资料、中尺度数值模式 MM5 资料输出等对我国 2000 年 4 月 3—9 日连续的 3 次东北气旋过程形成的沙尘暴进行了研究，认为初始沙尘暴源地，主要发生于蒙古高原、浑善达克沙地西部和南部边缘面积相对较小的沙地和裸露耕地及草地；初始点源区及冷空气路径上源区的沙尘随气旋进入自由大气，经气流的辐合作用及远距离输送通道上的动量下传以及地形形成的气流下沉作用，输入北京地区，称为北京地区沙尘暴的远距离输送。气象资料的分析也说明河北坝上地区是影响北京的沙尘暴的重要路径之一。

对北京及其周边地区沙尘颗粒的理化性质的分析是探讨北京地区风沙活动与周边地区关系的又一个途径。陈静生等通过北京至内蒙古集宁一线 21 个地点的系统采样，认为北京春季偶然性沙尘暴天气条件下降尘的化学组成显著地区别于北京地区正常天气条件下的降尘，而与上风向广阔区域有显著联系。盛学斌等 1989 年 8 月—1993 年 9 月在坝上康保县照阳河乡三义村进行的风蚀沙化实验表明，被风蚀扬走的主要是 0.05mm 以下的细颗粒物质。较多研究证明，从北京沙尘天气降尘的粒径组成来看，主要以 0.01mm 以下的粉砂和黏土为主，占 84.24%。叶笃正等也指出沙尘颗粒集中在 0.002~0.063mm 之间，这些都是河北坝上地区与北京风沙活动关系密切的依据。

历史文献也是一个重要的信息源。有关文献资料表明，北京地区可靠的沙尘暴历史记录出现在北魏太平真君元年（公元 440 年），北京沙尘暴的兴衰与周边地区的土地开发和植被退化关系密切。

6.3.2 植被退化与风沙活动的关系

以上分析依据都表明河北坝上地区的植被退化与北京沙尘天气的关系密切。叶笃正等将沙尘天气途经地区沙化土地进一步划分了沙化发展区、潜在沙化区和非沙化区，认为沙化发展区是沙尘的主要源地，然而没有根据土壤和植被的性质对起沙机理进行进一步探讨。只有在探讨何种地表覆盖类型容易起沙的基础上，才能制定切实可行的防沙治沙和生态保护对策。

刘鸿雁等根据浑善达克沙地东部和河北坝上地区 39 个地点的植被调查和土壤分析结果，探讨了内蒙古浑善达克沙地及河北坝上地区不同地表覆盖类型与北京沙尘天气物源之间的关系。结果表明，对于下风向的北京地区来说，流动沙地当前的细颗粒物质含量极低，当前单位面积沙尘释放的能力低，只是作为过去沙尘天气的物源，而正处于荒漠化过程中的大面积的石质丘陵典型草原在可比气候条件下单位面积内具有较高的释放能力；农田如果春季翻耕，则具有较强的沙尘释放能力，而退耕、撂荒地上出现大量的一年生草本植物，对起沙过程则有一定的抑制作用；固定沙地、石质丘陵草甸草原、低湿地草甸等由于多年生草本植物的覆盖率高，单位面积内沙尘释放的能力低。未来气候变化引起的沙丘活化以及湖泊和低湿地变干则可能使它们成为沙尘天气的潜在物源。

6.3.3 植被退化原因及恢复对策

从北京到河北坝上地区，降水量逐渐降低，土地利用方式也由以农为主到农牧交错为主。从北京到河北坝上地区不仅有着从半湿润到半干旱的气候梯度，也有从森林到森林草原的植被梯度，还有从土地利用方式的明显差异和利用强度的梯度，是研究植被退化和土地覆盖变化的理想的区域性样带。前人的研究表明，风沙活动是这一地区约 6000 年来环境演变的大趋势，虽然这一地区大规模人类开发的历史较短，但近 50 年来的植被退化速度非常迅速，准确评估该区域的植被退化是分析生态脆弱性时空格局和机理的基础。对于植被退化的原因，一般认为该区域地处季风气候尾闾区，属于生态脆弱区，人类活动容易引起植被退化。然而对于脆弱性的机理，仍然处于探讨之中。赵雪等从自然和人为两个方面探讨了脆弱性的机理，认为环境因素，特别是降水量的剧烈波动与人口增加和经济发展的矛盾是脆弱性形成的根本原因；降水量高时，第一性生产力相应增加，经济得到发展，人民生活水平提高；降水量低时，作物减产，产草量降低，为了维持人口的增加和固有的经济水平，必然导致进一步的开垦，从而加大了植被退化和生态恶化的程度。生态脆弱带自然经济系统的高波动性可以认为是气候与社会综合作用的结果，一方面第一性生产力受气候、特别是高跃变降水的强烈制约，另一方面人们不合理的土地利用、尤其是滥垦又加强和放大了波动性。

对于属于生态脆弱区的河北坝上地区，通过本次技术示范研究，认为可以采用以下几方面的措施来进行植被恢复：①普遍采用的生态植被恢复措施：退耕还林还草，同时注重因地制宜，宜林则林、宜灌则灌、宜草则草；②发展建设高效农业：针对坝上地区人口密度大，耕地所占比重高的特点，如建设雨养旱作基本农田、利用季节时差扩展商品农业、集约经营草业、加强管理、提高畜牧商品率、多途径解决坝上地区生活能源问题、改善农业生产条件，建设稳产高产农田；③加大植被保护力度：在植被恢复的同时，加强对现有植被的保护，避免由于人为破坏造成新的土地沙化。

6.4 示范区小流域环境因子对风水两相侵蚀的影响

风水两相侵蚀受多种因素的驱动，其中环境因子的变异性对区域风水两相侵蚀具有决定性的影响。环境因子主要包括气象因子和人为因子两方面。气象因子属于自然环境范畴，主要包括风速、风向、降雨量、温湿度等自然气候条件；人为因子属于人为环境范畴，主要包括人口增长、耕地面积、农牧业发展模式、土地开发利用等经济发展和生产生活方式。通过分析环境因子对风水两相侵蚀的影响，可以进一步研究风蚀水蚀交错区风沙活动的原始驱动力和影响因素，为京津风沙源治理的科学决策提供理论依据。

6.4.1 示范区小流域气象因子对风水两相侵蚀的影响

气象因子对风水两相侵蚀影响比较明显的主要有风速和降雨量，它们的影响主要表现在以下几个方面：

（1）在风速相对较大的时段或年份，风力作用较为强劲，近地表颗粒在较大风力的推移作用下，更易于形成有一定强度的风蚀，使得区域土壤侵蚀进一步加剧乃至风沙活动更为频繁；在风速相对较小的时段或年份，风力作用趋于缓和，近地表颗粒除较细颗粒外在趋缓的风力作用下移动的数量相对少些，因此会使风蚀的强度相对减缓。

（2）在降雨量偏多的时段或年份，降雨有利于干旱区地表植被生长，从而能使区域植被覆盖度提高，区域风蚀水蚀程度将相对减缓；而在风力强劲频繁且干旱少雨的时段或年份，干旱区地表植被因水分亏缺而出现大量干枯死亡现象，导致植被盖度减小；从造成风蚀水蚀和风沙活动的地表人地系统动力学角度分析，降雨量减少和变异性增大，为风沙活动的发展提供了最直接的作用动力，将加速风水两相侵蚀的发展。

根据自动气象站观测资料可以知道，芦草胡同小流域气象因子存在较为显著的变异性，特别是降雨量的季节变异性比较明显。气象因子的变异性主要受全球大气候变化的影响控制，在不同气候区和不同气候年代，各因子变异程度有所不同；位于半干旱区的芦草胡同小流域，各主要气象因子均有不同程度的变异性，并以风速和降雨量两项因子的变异程度相对较大些。

6.4.2 示范小流域人为因子对风水两相侵蚀的影响

人为因子是当前小流域风蚀水蚀的重要驱动因素之一，其中人口增长压力、滥垦滥牧等人为因素对区域风蚀水蚀具有直接的诱导和加剧作用。小流域所处的河北沽源县，随着工农业发展，区域农业开发步伐的加快，人口持续增长，耕地面积也随之不断增加。人口增长和耕地面积的变化，对区域风水两相侵蚀的作用具有双重性：一方面，在人为因素的干预下，通过实施造林种草和沙荒地改造工程，可使开发区域林草绿地面积扩大，风蚀水蚀程度得到一定的抑制；另一方面，又由于区域有限水土资源的制约，可能造成此地林草绿化而彼地侵蚀加剧的土地利用结构在空间上的转换，但其本质仍是风蚀水蚀程度加剧的体现。

通过典型时段现场监测，本次研究发现除了自然条件对风沙输移的影响外，还有一些不可忽视的人为因素的影响，在农地上，风沙活动频繁期也正是当地农民为春耕进行一系列准备工作的时段，其中翻地的影响最大，翻地会直接引起地表土层和沙层的松动，然后在外界一定风速度的推动下，会导致不同程度的扬沙或扬尘；在草地上，天气渐暖，有些农民就开始在草地上牧羊，由于这个时期是草地的发育成长期，牧羊可能会直接导致部分林草植被的死亡，从而影响林草对风沙的抑制作用。因此，风沙源治理工程除了实施植树造林等一系列工程措施外，还需要采取普及农民科技教育、推广群众参与式管理等非工程性措施才能起到事半功倍的治理效果。

6.5 项目区风蚀水蚀综合防治措施

坝上地区受到风沙的危害十分严重，土地沙化面积逐年扩大，农田、草场面积逐年缩小，农牧业生产水平持续低下，生态环境比较脆弱，并且很大程度上还影响着京津地区的生态环境、工农业生产以及人民的正常生活。为了从根本上改变这种现状，国家实施了京津风沙源治理工程及其相应的科技支撑项目，本次研究针对示范区的具体情况，提出了从根本上解决风沙危害所应宜采取的综合治理措施，主要包括工程措施、植被定向修复措施、生态自然恢复措施及人文措施等几个方面：

（1）工程措施。

1）坚持沟道拦泥骨干工程和坡面集雨工程相结合。小流域通过发展沟道谷坊工程，最大限度地拦截了泥沙，做到了泥不出沟，在暴雨洪水季节保障了下游周边村庄和农田的安全。

2）建设小型水利水保工程，发展节水灌溉工程，合理开发利用水资源。

3）建设高效农田，推广保护法耕作。坝上地区经济结构以农业和畜牧业为主，要真正巩固和保证退耕还林还草的整治效果，必须有一定数量的高效基本农田作保障，因此，建设高效基本农田是坝上地区退耕还林还草、发展畜牧业的基础。

（2）植被定向修复措施。

1）坚持生物措施和工程措施配套相结合，根据植被调查的优势物种和风洞试验的植被优化配置方式，建立了综合优化的生物配置措施，在此基础上，根据示范区不同区域的生态环境特点，注重因地制宜，从而营造乔、灌、草立体生物防护体系。

2）科学营造防护林带是坝上地区治理风沙改善生态的有效措施。在风沙区的综合治理中，林业措施是从根本上改变沙化的重要措施，而加强防护林带建设是坝上地区治理风沙改善生态的有效措施。根据风洞试验的植被优化配置方式，建设了以防风、护田及护场为主的农田防护林和牧场防护林，从而有效地改善了农田、草场的水土条件，提高其质量及生物量。

（3）生态自然恢复措施。

1）根据示范区内不同区域的自然特点，选择了不同的区域进行封禁和退耕还林还草，从而起到了良好的自然恢复的效果。

2）根据自然恢复的效果，实行科学分时分区轮牧，从而建立适合当地生态规模达的畜牧业。

（4）人文措施。

1）加大水保执法力度，有效防止边治理、边破坏等现象发生。

2）对县级水保技术骨干和项目管理人员进行综合技术培训，提高当地水保技术力量的科学治理能力。

3）进行公众意识教育，推广群众参与式管理。

6.6 风蚀水蚀综合治理措施的治理效果

通过实施一系列的综合治理措施，项目区取得了较为明显的治理效果，主要表现在以下几个方面：

（1）通过工程措施，大力发展了高效农田建设和保护法耕作技术，有效地抑制了当地干旱裸露农田的沙粒移动，一定程度上减少了沙源；建设小型水保工程和发展节水灌溉工程，有效地保护好农田，有力地保证了基本农田的高产稳产；建设小流域沟道谷坊工程和坡面集雨工程相结合，最大限度地拦截了泥沙，在暴雨洪水季节保障了周边村庄和农田的安全，并有效地利用了天然降水资源，提高了林草成活率和保存率，使植被覆盖率大大提高。

　　（2）通过植被定向修复措施，注重不同区域的生态环境特点，因地制宜，通过植被定向修复建立了一条生物防风防沙带，有效地减弱了风沙的移动能力，从而降低了风沙对当地及京津地区的生态环境影响。

　　（3）通过生态自然恢复措施，实现了科学分时分区轮牧，有效保护了现有的植被和恢复了天然植被，极大地提高了示范区的植被覆盖度，为区域防沙治沙提供了好的外部环境。

　　（4）通过人文措施，从制度和管理上有力地保证了示范区的治理效果，提高了当地水保技术人员的科技水平，激发了当地群众的水保科学意识和参与热情，使得示范区的治理具有更高的科技含量，为其他地区的大规模工程治理提供了很好的示范效应。

　　通过上述综合治理措施的实施，示范区小流域内的全部水土流失面积得到了有效治理，综合治理度达到了 90% 以上，其中 90% 以上的宜林宜草面积得到绿化，林草覆盖率达到 70% 以上；通过人们环境意识和法制观念的教育和管理措施的加强，由人为破坏而引起的水土流失将基本得到控制，到目前为止，示范区综合治理措施的保存率在 85% 以上，拦沙和保水效率达到 70% 以上，有效地减少水土流失；此外，通过高效农田的建设，农民的人均收入增加 2 倍以上，完全达到了技术示范设计任务书的目标。

7 小流域地理信息管理及效益评价系统

为了从多重角度对示范区风沙活动进行深入仔细地研究，本次研究除了采用现场监测、室内实验、实地调查及资料分析等一系列方法外，还将土壤侵蚀预报模型、遥感技术和地理信息系统技术等进行有机结合。土壤侵蚀预报模型可以用来定量评价水土流失和水保效益，是研究和治理水土流失的有效手段。相对于传统的土壤侵蚀调查技术，RS 和 GIS 具有耗资少、周期短、宏观、快速等特点，RS 可以用于提供信息，GIS 用于数据处理和分析，RS 和 GIS 技术与土壤侵蚀预报模型相结合已成为土壤侵蚀调查中快速有效的手段。

7.1 地理信息采集

小流域地理信息的采集主要包括采集范围、采集内容和技术要求等三方面的工作。

7.1.1 采集范围

采集范围为河北省沽源县白土窑乡芦草胡同小流域。在 14km^2 工作区共定位 25 处，影像纠正用点（明显地标）8 个，观测站位置 2 个（气象站、汇水堰），典型地类采样 15 个，并利用 GPS 量算了汇水堰小流域面积。考察了工作区植被分布和植被大致类型（实地拍摄），拉样方估算采样点植被盖度，为影像解译提供依据。试验区土质类型为沙壤土，查明冲刷沟及节流沟分布情况，为计算沟谷密度和坡度分析提供第一手资料。此外，收集的其他具体资料还包括：1∶5 万地形图电子版（K－50－87－6），河北省水利局制作的电子专题图，小流域土地利用现状图，小流域水土流失现状图，小流域工程治理设计书，小流域社会经济数据（治理前），灌木林种植典型设计科技支撑项目治理工程芦草胡同小流域经济效益表，沽源县芦草胡同位置图和生物耕种植典型设计书等。

7.1.2 采集内容

采集数据主要包括示范区土壤、土地利用、地形、水雨情、泥沙、GPS 数据等几方面的内容。

（1）土壤信息数据。采集河北省沽源县白土窑乡的土壤资料及地形图资料，包括土壤类型及其理化分析资料，图件比例尺为 1∶50000 或 1∶100000，对图形进行扫描矢量化处理。

（2）土地利用信息数据。包括河北省沽源县白土窑乡（区）土地利用调查资料，图件比例尺 1∶25000 或 1∶50000，需要进行扫描矢量化。

（3）地形信息数据。采用 1∶50000 地形图（K－50－87－6）为原始信息的所有地形地物信息，内容包括：①最新的 1∶50000 地形图 1 幅，生成 1∶50000 数字栅格地图（DRG），采集流域界、政区界、小流域、水系、交通、居民地等信息；②1∶50000 数字高程模型（DEM），拼接 DEM 作为一个全流域的像元图。

（4）水雨情信息数据。选用 1 个具备自记雨量设备的代表站，采集 2003 年以来每一次降雨的自记雨量过程，同时采集降雨总量，其他雨量站仅采集 2003 年、2004 年、2005 年的汛期月降雨总量。

（5）泥沙信息数据。直接采集区域内冲沟集沙仪 2003—2005 年所采集的泥沙资料，作为年输沙总量的资料。

（6）GPS 数据。采集范围包括桥梁、住宅、农地、冲沟等典型地物 GPS 定位点 22 个，精度在 3m 以内，并做详细记录。

（7）社会经济数据。采集密云水库上游永定河流域及潮白河流域，涉及北京、河北、山西、内蒙古 41 个县（区）有关政府部门统计发布的 2003 年以县单位的社会经济数据；结合小流域治理信息采集收集列入 21 世纪初期首都水资源可持续利用规划期间的重点治理小流域初步设计阶段的社会经济数据。

（8）小流域治理信息数据。采集该地区从各级水土保持部门收集列入2001年以来小流域规划改造的已有可研、初步设计、施工进度、竣工验收、效益监测等资料和图件。

7.1.3 技术要求

小流域治理项目各阶段的资料主要包括小流域治理可研报告、初步设计报告、气象特征表、土地坡度组成情况表、农村产业结构现状表、水土流失现状表、土地利用现状表、水土保持综合治理措施现状表、水土保持综合治理措施的指标和数量汇总表、水土保持综合治理措施进度计划与投资概算表、水土保持措施直接经济效益表、水土保持综合治理措施蓄水保土效益表、小流域边界图等。

采集小流域图件应包括面积、平面位置、主要治理措施及分布等要素。选择初步设计或施工阶段的图件进行扫描矢量化，纳入统一的投影坐标系统，并转绘于1：10000的5POT5正射影像图上，生成小流域的治理措施图，同时应保证小流域的面积和位置（边界）的准确，能够较准确地反映主要治理措施分布和数量等要素，提供给水土保持遥感监测标段作为小流域治理措施信息提取的主要依据。

7.2 土壤侵蚀遥感调查

7.2.1 土壤侵蚀调查方法

7.2.1.1 土壤侵蚀概念

土壤侵蚀是地球表面的一种自然现象，全球除永冻地区外，均发生不同程度的土壤侵蚀。人类社会出现后，土壤侵蚀成为自然和人为活动共同作用下的一种动态过程，构成了特殊的环境背景（或称之为侵蚀环境），并已成为当今世界资源和环境问题的重点。综合国内、外研究，广义的土壤侵蚀含义更具有实际意义。这里的土壤不仅指具有土壤剖面的地表土壤层，还包含土壤母质、岩石风化壳及其他地面可蚀性物质；这里的侵蚀包含剥蚀、吹蚀、磨蚀、冲蚀和溶蚀等；侵蚀营力包含水力、风力、重力及其与人为活动综合作用的侵蚀力，其中的水力侵蚀又包含降雨、径流、冰雪冻融侵蚀力，以及河流、海浪冲击堤岸的侵蚀力等。简而言之，土壤侵蚀是水力、风力、重力及其与人为活动的综合作用对土壤、地面组成物质的侵蚀破坏、分散、搬运和沉积的过程。土壤侵蚀强度一般用土壤侵蚀模数来表示，即单位面积和单位时间内的土壤侵蚀量，其单位为 $t/(km^2 \cdot a)$。

7.2.1.2 土壤侵蚀的主要影响因素分析

土壤侵蚀是自然因素和人为因素综合作用的结果。土壤侵蚀的影响因素包括自然和人为两方面。人为因素影响水土流势的实质，是通过各种人为措施影响各自然因子的变化从而引起水土流失的加剧或减弱。即人为因素被反映到各自然因子的变化上了。因此，影响水土流失的各因子可以按纯自然因子的角度进行分析。一般包括五个方面：降雨、土壤、植被、地形和水保措施。这五个因子中，土壤和地形比较稳定，一般不会发生显著变化，属于静态因子；降雨、植被和水保措施则处于经常性的变化之中，属于动态因子。下面介绍一下各个因子与土壤侵蚀的关系：

（1）地形。地形是水土流失的重要条件，其中以坡度和坡长对土壤侵蚀强度影响最大，其中又以坡度为甚。地面坡度越陡，地表径流的流速越快，对土壤的冲刷侵蚀力就越强。坡面越长，汇集地表径流量越多，冲刷力也越强。黄土丘陵区、地面坡度大部在 $15°$ 以上，有的达 $30°$；坡长一般为 $100\sim200m$ 甚至更长。每年每亩流失 $5\sim10t$，甚至 $15t$ 以上。在地理信息系统出现以后，计算地形坡度已经不是一件难事，可以从地形图上提取等高线和高程点，建立数字高程模型（DEM），然后有数字高程模型计算出坡度来。

（2）土壤。土壤质地的好坏直接关系到土壤侵蚀的程度。从土壤侵蚀与土壤类型的关系看，研究区内的土壤主要为沙壤土。颗粒组分以中粉砂、细砂和中砂为主，含量在 60% 以上，土壤含水率低，土壤结构疏松、黏结化差、抗风蚀能力弱，再加上植被覆盖率低，在强风的吹扬作用下由风蚀造成就地起沙而发展成沙化。而从侵蚀土壤的比例看，石灰岩土上发生侵蚀的比例最大，高达 63%。

（3）降雨。降雨是土壤侵蚀的主要能量来源，尤其对于水利侵蚀来讲，没有降雨就谈不上侵蚀。相同降雨类型下不同土地利用方式的水土流失最具有很大差异。裸露地小雨时也可能产生水土流失，而大雨以上降雨会产生严重水土流失，具有一定植被覆盖且采取水土保持措施的果园和锥栗林的径流量和泥沙量大幅度减少，而植被覆盖良好的杉木林和封山育林地即使大雨以上降雨也仅产生极轻微的水土流失。相同的降雨强度下不同土地利用方式的水土流失具有很大差异。土地利用方式对低强度降雨的产流次数和高强度降雨的土壤流失量影响较大，而对高强度降雨的产流次数和低强度降雨的土坡流失量影响较小，良好植被覆盖的土地对减小地表径流和土壤流失的作用在高强度降雨时更加显著。一般认为降雨强度越大，土壤侵蚀越强烈。产生水土流失的降雨，一般是强度较大的暴雨，降雨强度超过土壤入渗强度才会产生地表（超渗）径流，造成对地表的冲刷侵蚀。降雨侵蚀力的计算需要详细的雨量记录资料，分别计算出歌词降雨的数值指标。但在实际应用中我们很难手机到足够的雨量信息资料。因袭一般考虑地区的年降雨量或汛期降雨量来反映降雨对侵蚀强度的影响。

（4）植被。植被是表层土壤免受雨滴的直接溅击，防止溅击对表层土壤结构的破坏。达到一定郁闭度的林草植被有保护土壤不被侵蚀的作用。郁闭度越高，保持水土能力越强。不同土地上的植被根系都表现出了随着土层深度增加而减少的趋势。分层冲刷的试验结果表明在土壤表层，植被根系对侵蚀产沙的影响是占主导地位的；而当土层超过一定深度后，根系的分布数量减少，不同流量和坡度下的深层土壤侵蚀产沙量明显增加，根系提高土壤抵抗径流侵蚀产沙的能力受到了限制。同时随着土层深度的不断加大，坡面上径流侵蚀的形态也在发生变化，逐渐从面蚀向细沟侵蚀发展。结合对草地植被根系生物量垂直分布特征的研究，证明土壤侵蚀产沙的这种变化是与草本植被根系的分布特征密切相关的。

（5）水保措施。为了减轻土壤侵蚀的程度，有效的水保措施是必要的，常见的抗侵蚀水保措施有等高耕作、坡改梯、淤地坝及退耕还林还草。

7.2.1.3 研究思路与方法

根据该区域侵蚀类型特征及影响水土流失的主要影响因素，选择降雨、地形坡度、沟谷密度、植被盖度、成土母质五个因素（以下简称"因子"）。

1. 因子的分级与量化

各因子与土壤侵蚀的关系如何？如何量化并建立各级因子的指标体系？是能否建立一个适合于本地区土壤侵蚀计算模型并真实反映水土流失现状的关键。通过对区内不同自然、地理环境条件下降雨、植被盖度、地形坡度、沟谷密度、成土母质因子与土壤侵蚀强度的相关分析，给出了各因子的分级标准和量化参数（见表7.1）。

表7.1　　　　　　　　　　　各因子分级、量化指标一览表

级　别	一		二		三		四		五	
项目名称	分级	指标	分级	指标	分级	指标	分级	指标	分级	指标
地形坡度 P_x	<5°	1.0	5°～8°	2.0	8°～15°	3.0	15°～25°	4.0	>25°	5.0

续表

级别	一		二		三		四		五	
项目名称	分级	指标	分级	指标	分级	指标	分级	指标	分级	指标
沟谷密度 G_x/(km/km²)	<1	2.0	1～2	3.4	2～3	5.6	3～5	6.4	>5	8.0
植被盖度 Z_x	>70%	1.0	70%～50%	5.0	50%～30%	8.0	30%～10%	9.0	<10%	10.0
成土母质 D_x	石质	3.0	砂石质	6.5	土石质	7.8	土质	10.0		
加权降雨量 R_x/mm	<200	5.2	200～400	5.9	400～600	6.3	600～800	6.6	>800	6.9

植被盖度因子是从 SPOT（2003—2007 年）影像上按照＞70％、70％～50％、50％～30％、30％～10％、＜10％五级提取的；地形坡度因子是按＜5°、5°～8°、8°～15°、15°～25°、＞25°五级坡度分级从 1：5 万地形图提取的；沟谷密度因子是利用 ARCGIS 完成沟谷分布的数字化计算生成沟谷密度图；成土母质因子是通过实地勘查获得。降雨因子是采用区内气象自动收集仪器获得 2004 年，2005 年 7 月、8 月、9 月降雨量，最大 30 天雨量、最大 1 日雨量的加权值。上述五类水土流失影响因子按照统一的坐标和投影完成因子图层的数字化。

2. 模型计算方法

将五种因子图层，按照统一的坐标和投影方式通过 ARCGIS 按年分别配准（叠置）。设所有层面对应的栅格单元为：

其中：X_i 为独立的数据源（因子）$i=1,2,\cdots,n$，n 为数据源（因子）的个数。

如果设 G_j 为各因子层因子的级别，$j=1,2,\cdots,m$，m 为因子级的级别数，r_i 为数据源（因子）的权重，则可建立一个初判土壤侵蚀强度级别的从属关系函数：

$$X = [X_1, X_2, \cdots, X_i, \cdots, X_n]^T$$

$$F_j(X) = (1-n)\ln[p(G_j)] + \sum_{i=1}^{n}\sum_{j=1}^{m}\{\ln[r_i \cdot p(G_j/x_i)]\}$$

如果设 M_j 为侵蚀模数级别 $F_j(x)$ 的界点值（或称数学期望值），则凡符合：$F_j(x)<M_{m-1}$，$M_{m-1}\leqslant F_j(x)<M_m$，$M_m\leqslant F_j(x)<M_{m+1}$，…即可定为 m_j 级土壤侵蚀强度，并利用以下两种方法调整参数：

（1）利用
$$M_j(X) = \int_{m-1, m, \cdots}^{m, m+1, \cdots} X f_j(x)\,\mathrm{d}x$$

求各级土壤侵蚀强度的分布规律并与实际流域内各级水土流失面积的分布进行对比分析，调整权重系数 r_i 与 $F_j(x)$ 的取值。

（2）通过流域出口断面水文站实测的泥沙输沙量与初判侵蚀量拟合：设 $Q_{实}$ 为实测输沙量，Q_j 为初判的 M_j 级土壤侵蚀量，β 为河流泥沙的输移比，即可利用下式来调整 r_i 与 $F_j(x)$ 的取值。

$$Q_{实} - \beta \sum_{j=1}^{m} Q_j M_j(X) = 0$$

经过信息复合和试算得出了区域的土壤侵蚀强度及其空间分布（各级土壤侵蚀模数、侵蚀面积和它们各占总侵蚀量和总面积的百分比以及在流域内的空间分布）。

7.2.2 土壤侵蚀模型及动态监测系统的建立

对于小流域区域而言，只选择了五种主要影响土壤侵蚀的因子，且每种因子只分了五级（因子级），但它们的组合就有 3000 多种。宏观土壤侵蚀计算模型只能建立在利用遥感、GIS 等技术大面积、快速地获取较多的区域水土流失的影响因素并采用复合或组合分析模式，选择有代表性的实测资料进行验证，从而比较客观地反映区域水土流失多因素间的相互作用及区域水土流失规律。因此，综合各种因素优选了变权式灰箱模型：

$$L_g(T_m) = A + B/(a_1/X_1 + a_2/X_2 + a_3/X_3 + \cdots + a_i/X_i + \cdots + a_n/X_n)$$

式中：T_m 为土壤侵蚀模数；A、B 为系数；a 为因子的权重；X 为因子的量化参数；$i=1, 2, 3, \cdots, n$；n 为因子的类别。

通过选择不同自然环境、地理条件下的水土流失影响因素组合，求 $L_g(T_m)$ 与 $1/(1/X_1 + 1/X_2 + 1/X_3 + \cdots + 1/X_i)$ 的线性回归方程和信息复合时调整各因子的系数和权重来确定 A、B 及 a_i 的值并建立模型：

$$L_g(T_m) = 2.35 + 4.51/(3.5/P_x + 1.2/G_x + 7.1/Z_x + 8.2/D_x + 3.0/R_x)$$

式中：P_x、G_x、Z_x、D_x、R_x 分别为地形坡度、沟谷密度、植被盖度、成土母质、降雨因子量化指标参数。

遥感、GIS 与模型相结合，不仅可以快速计算、查询 2003—2007 年土壤侵蚀的强度、侵蚀量、各因子分级指标参数及其空间分布，而且若干年后如果流域内任何一个分辨单元内任何一项因素发生变化，更新并输入新的数据即可快速计算出新的年土壤侵蚀量并与历史资料进行对比分析，从而为实现流域水土流失遥感动态监测建立了方便、快捷的途径。计算流程图如图 7.1 所示。

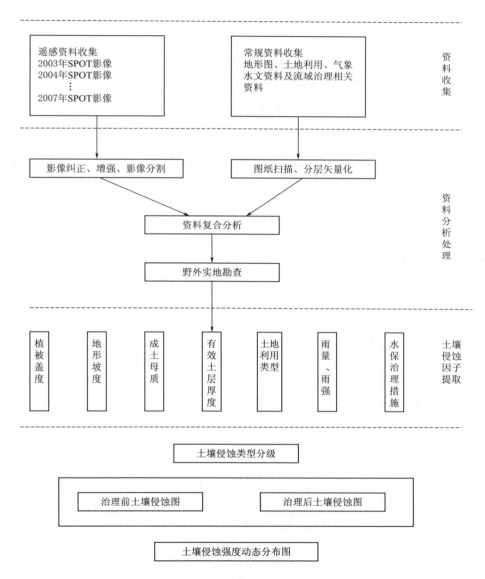

图 7.1　土壤侵蚀强度计算流程图

7.2.3　动态土地利用遥感调查

7.2.3.1　资料收集情况

1. 常规资料

在 $14km^2$ 工作区共定位 25 处。影像纠正用点（明显地标）8 个，观测站位置 2 个（气象站、汇水堰），典型地类采样 15 个，并利用 GPS 量算了汇水堰小流域面积。

考察了工作区植被分布和植被大致类型（实地拍摄），利用样方估算采样点植被盖度，为影像解译提供依据。试验区土质类型为沙壤土，查明冲沟及节流沟分布情况。为下面计算沟谷密度和坡度分析提供的第一手资料。1：5 万地形图电子版（K-50-87-6）。其他资料还包括：水利局制作电子专题图；小流域土地利用现状图；小流域水土流失现状图；小流域工程治理设计书；小流域社会经济数据（治理前）；灌木林种植典型设计科技支撑项目治理工程草胡同小流域经济效益表；沽源县芦草胡同位置图；生物埂种植典型设计书。

2. 遥感资料

考虑到芦草胡同小流域面积小，分类精度要求高，使用高分辨率 SPOT-5 卫星。SPOT 位于法国的欧洲空间局研发、经营的对地观测卫星系统。该卫星轨道高度为 822km，角 98.72°，周期 101.4min，重复周期 26 天，卫星上装载了 HRV（High Resolution Visible range instruments）推扫式扫描仪。HRV 扫描仪有两种形式：一种是全色波段扫描仪，有 6000 个 CCD 元件，视场宽度为 60km，瞬时视场为 10m×10m。另一种为多光谱扫描仪，有 3×3000 个 CCD 元件，瞬时视场为 20m×20m。HRV 扫描仪还可以倾斜扫描，角为 ±27°，最大倾斜后地面投影 80km。SPOT-5 分辨率可达 2.5～5.0m，具有摆能力（±26°）。这种不同轨道上的倾斜扫描，可以重复地扫描同一地区，从而实现（得到）立体测量（观测）的需要。其全色波段空间分辨率为 2.5m，多光谱波段空间分辨率 10m，搭载两个 HRV（High Resolution Visible range Instrument）线阵列推扫式扫描仪，感受可见光、近红外（1.2μm 以内）的波段信息。

另一个 HRV 获取多波段（XR）数据，获取三个波段的数据，波段范围：绿波段 10.50～0.59μm；红波段 20.61～0.68μm；近红外波段 30.79～0.89μm。传感器的分辨率 10m，每景图像范围 60km×60km。成像时间为 2007 年 8 月 16 日，地表植被丰富，各类地物特征明显，易于人工判读和计算机分类。

此次遥感动态调查选择了芦草胡同小流域治理前后的两期遥感影像（见图 7.2）。影像数据见表 7.2。

表 7.2　　　　　　　　　　SPOT 影像列表

轨道号	成像时间	分辨率	波段	大　小
277/266	2003 年 8 月 29 日	5m	彩色、全色	2173×2161(Byte)
277/266	2007 年 8 月 16 日	5m	彩色、全色	2173×2161(Byte)

（a）1999年8月31日SPOT影像　　　　　　（b）2003年8月14日SPOT影像

图 7.2　芦草胡同小流域两期遥感影像

7.2.3.2　遥感影像预处理

1. 影像纠正

遥感影像由于遥感系统空间、时间、波谱及辐射分辨率的限制，很难精确的记录复杂的地表信息，无所以在实际的影像分析和处理之前，必须对影像进行预处理，主要包括辐射纠正和集合纠正。本次研究购买的影像已经经过辐射纠正，所以这里的预处理主要指影像的几何纠正。

像元相对误差是由系统误差及飞行器姿态角所致。所以文件头将会提供有用信息，特别是太阳高度角和方位角等信息。由于得到的原始数据是三波段的 TIFF 文件，没有这类信息。只能直接与其他图像或标准图形匹配。将数据坐标转换为另一种栅格坐标。主要包括以下几个步骤：①确定地面控制点；②计算并检测转换矩阵；③生成经过像元重采样生成符合新坐标的新图像。

地面控制点是由原坐标和参考坐标组成的坐标对。它的选择对匹配精度至关重要。控制点分布越均匀，校正越可靠。尽量不选随时间变化的地物（如自然水体的边缘，植被等），而选择道路交叉点和人工建筑等。这里所用的的匹配样板是全国 1∶100000 土地利用矢量数据库，共选用了 12 个控制点。在实际处理中，为便于找到对应点，从原文件到匹配坐标文件的转换是用多项式方程来实现的。多项式方程由图像的变形程度、控制点数量和它们之间的相对位置决定。它的复杂程度是由方程的阶数和项数决定的。

影像进行几何纠正：野外用 GPS 采若干个控制点或在已有的大比例尺数

字地图上（通常一景数据采集 5～6 个控制点），使其均匀分布，在加之原始资料中影像四个角点的坐标共 10 个点/景，接着确立椭球参数（高斯-克吕格投影），大地基准面（选未定义），建立多项式变换（Polynomial）的几何纠正模型〔在调用多项式模型时，需要确定多项式的次方数（Order），通常整景图像选择 3 次方。次方数与所需要的最少控制点数有关，最少控制点数计算公式为 $(t+1)\times(t+2)/2$，式中 t 为次方数，2 次方需要 6 个控制点〕，采用最近邻方法（Nearest Neighbor）进行像素的重采样，把影像纠正到一定坐标系中（此次用的是北京 54 坐标系）。这批影像纠正出来的中误差（RMS）约为 3.5m（SPOT 影像的像素大小为 2.5m）。

在允许的范围内。均方根误差要考虑每个控制点的单点误差贡献。公式为

$$R_X = \sqrt{\frac{1}{n}\sum_{i=1}^{n} XR_i^2}$$

$$R_Y = \sqrt{\frac{1}{n}\sum_{i=1}^{n} YR_i^2}$$

$$T = \sqrt{R_X^2 + R_Y^2}$$

式中：T 为均方差；XR_i 为 X 方向残差；YR_i 为 Y 方向残差。

如果均方差超出了允许范围，则将误差最大的控制点删除，选择把握更大的地物点取代，直至总误差降至允许的范围内。

2. 影像增强

图像增强的最终目的不是简单的数学与逻辑提纯，而是特征提取，在这一方面目前尚未有公认的准则，需经过反复实验以比较出最好结果。而且不同种类的影像也有不同的最优处理流程。从整体上主要考虑以下四个方面：

（1）用户数据：用户数据来源的不同，决定了处理方法的不同。

（2）用户目标：用户目标决定了处理工作的方向与侧重点。明确处理和分类的特征目标才不会在工作中多走弯路。例如本研究主要针对地表植被和土壤侵蚀现状及社会经济调查。

（3）用户期待：具体到实践中即是对分类识别结果的精度要求。本研究所用的参照样本是全国 1∶50000 地形图和 SPOT 影像。其影像分辨率可以与地形图比例尺相配套。

（4）用户背景：用户背景包括软硬件环境和用户的专业背景。

针对 SPOT 影像特点，对比了多种处理方法，找出提取特征效果最好的处理流程。增强方法分空间增强，辐射增强，高光谱增强等。

辐射增强主要对应每个波段内的单个像元值来增强图像。方法主要有直方图分段线性拉伸、直方图自动均衡化、直方图匹配等手段，其目的是改善原始

图像直方图的不合理分布。直方图均衡化是将灰度信息均匀地分在 0~255 个灰阶内，加强被压缩的信息。图 7.3 是均衡化后的图像直方图，与前面原始影像的直方图相比，其灰度峰值已移至中部，整体被平均分布在 256 个灰阶内，许多光谱信息表现出来了。

图 7.3　影像灰度直方图

使用的空间增强方法通常有卷积滤波、非方向性滤波、自适应滤波。卷积滤波是将图像像元通过卷积模板进行运算，将计算出的值作为模板中心像元的灰度值，然后模板向右移动一个像元，直至计算完毕，以改变图像的空间频率特征。

卷积算子的设定非常灵活，不同的模板可以实现不同的滤波功能，大小也可根据实际情况改变。其中 a、b、c 对边缘信息有增强作用，对提取水体、建设用地有很好的效果。d 可以简单地将像元值平均，去除噪声。其中效果最好的是 c(非方向性滤波)，可以将大部分水陆边界提出，作为后面地物分类的参考依据。

自适应滤波不同于卷积滤波，卷积滤波是将图像作为一个简单的整体来考虑，而自适应滤波是在一定范围（移动模板）内考虑局部统计量的实际情况来调整像元值。首先在图像上开一个 $(2m+1)\times(2n+1)$ 的窗口，求窗口内的均值：

$$\overline{g}=(i,j)=\frac{1}{(2m+1)(2n+1)}\sum_{k=j-n}^{j+m}\sum_{l=i-m}^{i+n}g(k,l)$$

将此值作为中心像元值，再求窗口标准差：

$$\vartheta_{ij}=\frac{1}{(2m+1)(2n+1)}\sum_{k=j-n}^{j+m}\sum_{l=i-m}^{i+n}\left[g(k,l)-\overline{g}_{ij}\right]^2$$

作为中心像元的标准差。如此增强后的像元值为

$$g'=g(i,j)/\vartheta(i,j)$$

自适应增强后见图 7.4，自适应滤波利用统计学原理，以局部窗口内的像元标准差作为校正参数，考虑的更为全面，效果好于卷积滤波。

（a）增强前　　　　　　　　　　　　　　　（b）增强后

图 7.4　影像增强前后对比图

光谱增强是通过变换多波段数据的每一像元值来进行图像增强和压缩文件的，它还可以利用其他影像文件进行信息融合。主要算法包括主成分变换、去相关分析、IHS 变换和逆变换、归一化分析等方法，是近年来研究的热点。

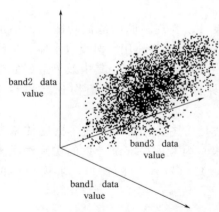

图 7.5　三维光谱空间示意图

主成分变换是一种有效的数据压缩手段，将过多的数据压缩到较少的波段内，以突出影像的主要信息。在由资源卫星波段 2，3，4 构成的三维光谱空间中，每个像元根据它在三个波段内的光谱值都有一个确定的位置（x，y，z）。在成正态分布的图像内全部像素值构成一个近似的三维椭球体，示意图见图 7.5。

第一主成分（PC-1）是与椭球体主轴一致的断面，断面内所对应的像素包含了图像上的大部分信息。第二主成分是与第一主成分正交的最大断面。一般来说有几个波段就可分离出几个主成分。但前几个主成分包含了几乎 100% 的信息。对 PC-1 做去相关拉伸，相当于辐射增强中的直方图均衡化，再将拉伸后的 PC-1 反变换回去，得到增强后的彩色图像。

表7.3　　　植被类型、盖度、地貌类型、图像（假彩色影像）特征表

植被类型		盖度	图 像 特 征	地貌类型及分布
类型	代码			
耕地	1	>75%	深粉红色间红色斑点、色调均匀，密实，无明显纹理	冲洪积平原及山间谷地
天然乔木林带	211	>75%	铁锈红色,间有粉红色斑点色调均匀,密实,无明显纹理	流域盆地及缓坡
	212	25%～75%	浅铁锈红色,间有黑红色斑点色调较均匀,中等纹理	流域盆地及缓坡
	213	5%～25%	浅铁锈红色,间有白色斑块,色调不均,明显纹理	流域盆地及缓坡
人工种植乔灌木	24	>75%	粉红色、色调均匀,密实,纹理较细	小平原
	23	25%～75%	粉红色、间白色斑点色调较均匀,中等纹理	小平原
松林	21		黑红色、色调均匀,密实	坡面地
灌木	221	>75%	红色、色调均匀,密实,纹理较细	流域盆地及缓坡
			红色、色调均匀,密实,纹理较细	流域盆地及缓坡
	222	25%～75%	浅红色、间粉色斑点,明显纹理	流域盆地及缓坡
			浅红色间粉色斑点,明显纹理	流域盆地及缓坡
	223	5%～25%	浅红色、间白色,黄褐色斑块	流域盆地及缓坡
草垫或草地	31	>75%	红色、色调均匀,面状	流域盆地及缓坡
	32	25%～75%	红色、间粉色斑点,明显纹理	流域盆地及缓坡
	33	5%～25%	浅灰色间粉色、白色斑点	流域盆地及缓坡

表7.4　　　　芦草胡同小流域其他土地利用类别及其含义

土地利用类别	代 码	含 义
居民地	52(乡村)	所有的城市、乡村居民用地
裸土地	65	可耕作、未耕种作物的土地
沙 地	61	沙漠和被沙漠覆盖的土地
盐碱地	63	被盐碱化的、退化的、耕地以及其他土地
滩 地	46	指河流、湖泊或水库高低水位变化冲击堆积的沙砾石地
沼 泽	64	经常积水的低洼湿地
水 域	41(河流) 42(湖泊) 43(水库坑塘)	河流、湖、水库等

7.2.3.3 侵蚀因子的提取

1. 植被盖度

植被盖度（Vegetation fractional coverage）是单位地表面积内植被的垂直投影面积所占百分比。植被盖度与植被指数存在很强的相关性，小流域的植被盖度由植被指数得到。

植被指数（Vegetation Index）指从多光谱遥感数据中提取的有关地球表面植被状况的定量数值。通常是用红波段（R）和近红外（IR）波段通过数学运算进行线性或非线性组合得到的数值，用以表征地表植被的数量分配和质量情况。常用的植被指数有很多种，如 RVI、GVI、DDVI、PVI、EVI 及 NDVI 等。据前人的研究，经综合比较，选用 NDVI（归一化植被指数）。它能更好地适应本地形区植被盖度稀疏、盖度差异悬殊的区域景观特点，兼之其应用最广，所以运算结果有较好的外延接轨前景，也容易从其他应用效果中取得补充和印证，为长期的脆弱生态环境监测创造了方便条件。

求取 NDVI 前，进行图像数据预处理，包括图像增强、几何配准、特征提取、统计分析等基础性工作（小流域范围示意图见图 7.6）。需特别指出的是，由于两种图像的地面、光谱分辨率不同以及动态分析的需要，两个时相的图像各数据层像素间需严格配准，误差必须小于一个像元，经过计算后 NDVI 的值域在 -1.0～1.0，将该值转换成 0～255（小流域 2003 年 NDVI 图见图 7.7）。

图 7.6 芦草胡同小流域范围图

图 7.7　芦草胡同小流域 2007 年 NDVI 图

　　将植被指数应用于资源环境的监测和评价，最好是赋予 NDVI 值以相应的植被盖度含义，由于植被指数既反映了特定景观中群落面积同景观总面积的比例关系，也反映了植物群落层片结构的特点，即反映了植被的盖度分布，同时也间接反映了植物的生物量高低。所以把植物指数转化为植被盖度等级，实际上是对植被指数进行综合和简化，对于植被生态景观面积变化的定量评价更为直观。

　　为达到既不丢失信息少的灰度级，又便于等级划分的目的，先将植被指数直方图按高斯分布统一做直方图规定化图像增强处理，使二者辐射亮度值分布尽可能一致，利用 Erdas 遥感图像处理软件所提供的假彩色编辑功能在屏幕上进行彩色编码，就完成了植被盖度数字图像的编制，供植被生态景观格局质量变化的评价。

　　表 7.5 的 4 个等级植被盖度是根据国家《土地利用现状调查技术规程》，全国《草场资源调查技术规程》，《全国沙漠类型划分原则》的有关条款为指导，并结合干小流域植被特有的生态特征来划分的。

表 7.5　　　　　　　　　植被指数灰度级与盖度级的对应关系

级　次	4 级	3 级	2 级	1 级
灰度值区间	0～10	10～45	45～90	＞90
盖度区间	＜5%	5%～30%	30%～60%	＞60%
盖度等级	劣	差	中	优

2. 地形坡度

大多土地覆盖类型的地域分异现象是受高程、坡度等地形因子制约而形成的，在遥感分类中，可从高程数据中派生出坡度、坡向、粗糙度等地形因子进行辅助。地面坡度越陡，地表径流的流速越快，对土壤的冲刷侵蚀力就越强。坡面越长，汇集地表径流量越多，冲刷力也越强（小流域数字高程和坡度分析图分别见图 7.8 和图 7.9）。

图 7.8　芦草胡同小流域数字高程（DEM）

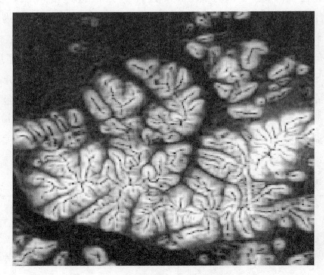

图 7.9　芦草胡同小流域坡度分析图

3. 沟谷密度

单位面积的沟道长度，常用 km/km² 或米/公顷表示。在半干燥地区最大。同一地区因所用地形图比例尺不同，量得的沟谷密度不一样，比例尺越大，其数值越接近实际。区域沟谷密度反映一个地区的侵蚀强度（小流域沟谷密度分割图见图 7.10）。沟谷密度越大，其侵蚀强度越大，该区域的地形越破碎。沟谷密度大小受众多因素影响，其中主要是地表的物质特性、植被覆盖度、降雨特性、地貌形态、新构造运动和土地利用方式等。中国黄土高原的沟谷密度是陆地上最大的地区之一，并呈现极其明显的分带性及与侵蚀强度的相关性。其关系式为

$$y = 2.4203 + 1.083x$$

式中：y 为沟谷密度，km/km²；x 为侵蚀模数，万 t/（km²·年）；相关系数 $r = 0.7457$。

沟谷密度的大小不仅影响农业生产，还影响交通和水利建设。防止沟谷密度继续增加，是保护生态环境的重要任务之一。

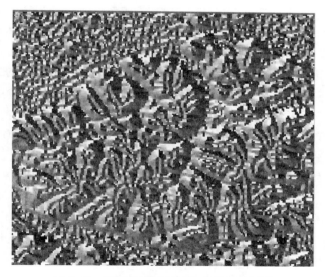

图 7.10　芦草胡同小流域沟谷密度分割图

4. 降雨强度

降雨量是用来衡量降水多少的一个概念，它是指雨水（或融化后的固体降水）既不流走，也不渗透到地里，同时也不被蒸发掉而积聚起来的一层水的深度，通常以毫米为单位。降雨量可以用雨量器来测量，同时还可以用雨量计来自动记录雨势的变化和雨量的大小。安装在小流域的气象站收集了近两年的降

雨资料，作为降雨因子放入计算模型。

7.2.3.4 侵蚀变化对比

从 2003 年和 2007 年土壤侵蚀遥感调查结果来分析（见表 7.6），芦草胡同小流域的水土流失量，2007 年比 2003 年有所改善。年总侵蚀量 2007 年比 2003 年减少了 1194 吨，减少 5.2%。

表 7.6　　　　　　　　　　两期土壤侵蚀强度变化对比表

侵蚀类型	侵蚀强度级别	侵蚀模数	2003 年		2007 年		2007 年与 2003 年相比	
			面积/km²	侵蚀量/[t/(km²·年)]	面积/km²	侵蚀量/[t/(km²·年)]	面积/km²	侵蚀量/[t/(km²·年)]
风蚀水蚀	一级	200~1000	2.82	1410	3.72	2020	+0.9	+610
	二级	1000~2000	4.05	6080	5.26	7890	+1.21	+1810
	三级	2000~4500	6.31	22735	4.77	19007	−1.54	−3728
	四级	4500~7500	1.95	11557	1.38	10671	−0.57	−886
	五级	>7500	0	0	0	0	0	0
合	计		15.13	41782	15.13	39588	—	−2194

7.2.3.5 调查结果分析

长期以来用常规的方法调查研究土壤侵蚀耗时多，难以得到动态的变化信息，在 GIS、RS 技术的支持下，结合常规资料对芦草胡同小流域土壤侵蚀状况进行研究分析，不仅可以节省人力物力，还可以及时掌握土壤侵蚀状况，采取切实有效的治理措施。为京津风沙源治理提供翔实、快捷、可信的信息。通过本次遥感调查研究，调查结果如下：

（1）芦草胡同小流域 2007 年比 2003 年侵蚀面积和侵蚀总量都有明显减小。三级、四级侵蚀强度面积减少 2.11km²，减少 13.9%。水土流失量减少 2194t/年，减少 5.2%。

（2）2003—2007 年，草地和灌木面积都有增加。这是退耕还林、退耕还草措施起到的作用。小流域农户不再禁放区域内大规模放养牲畜。近年来的雨水量的变化事影响区域内风蚀水蚀的一个重要因素。

7.3　综合数据管理信息系统

7.3.1　系统用户需求

为了对该项目中的各种数据包括遥感数据、矢量数据和分析结果中的表格数据进行有效管理，需要开发综合数据管理信息系统。本系统主要目的是实现对典型风蚀水蚀治理项目的各种数据的有效管理，同时还要考虑系统安全、性能、易用性、易维护、对用户变动需求的响应等问题；系统还要求能够支持多用户的并发访问，并且能够快速响应用户的请求，95％的属性事务处理的时间在 5s 以内处理完，带有空间信息的事务处理的时间不超过 30s；信息管理系统主要完成以下功能：机构设置、用户和权限管理、数据结构维护、数据标准化检查和数据入库、数据安全、图层管理、图形常用操作、快速查询、查询定制、制作专题图、专家模型、属性统计报表、打印输出等。

7.3.2 系统设计原则

为了能够更加完美地实现信息管理系统的功能需求，在系统设计中遵循了实用性、开放性、自维护性、安全性四方面原则：

（1）实用性原则。系统的服务对象主要是有关的项目人员，需要对项目中的有关数据进行方便快捷的访问和查询，没有复杂的业务关系和流程控制，因此系统操作必须简便实用、直观明了，同时又能最大程度上满足用户的各种需求，使得项目中的数据能够充分发挥作用，使系统成为研究工作的有利工具。

（2）开放性原则。随着项目的深入开展，可能需要对项目的成果进行展示，需要在广域网上发布相关的遥感、矢量和研究成果数据，因此在系统的设计中要考虑相应的解决方案。

（3）自维护性原则。随着用户的使用，用户可能对数据的结构类别进行相应的调整，系统应当提供对数据本身的配置功能以满足用户的个性化需求。

（4）安全性原则。要求系统可长期稳定运行，各级数据管理具有可控的安全保密性能。

7.3.3 系统设计分析

系统设计分析主要考虑系统用户分类、数据分类、用户工作模式和功能需求等几方面内容。系统用户主要包括普通用户和系统管理员两类；普通用户可以根据系统分配的权限对权限范围内的遥感数据、矢量数据、表格数据、模型分析结果等进行查询、调阅，并进行常用的分析；而系统管理员一般由使用单位推荐一人或者两人担任，接受开发方的全方位培训，负责日常系统运行的大部分问题；系统数据主要包括遥感信息数据数字化图层、非遥感信息数据数字化图层和非空间数据信息等三类，分别对应不同层次的数据信息。用户工作模式主要针对用户类型赋予不同的权限和内容，对于系统管理员而言，首先对系统中的图层表格进行定义，接着将符合标准的地图和表格数据加入系统中，然后创建用户，并为用户分配权限；对于普通用户，可以登录系统、修改个人信息，进行数据地图的浏览、查询、统计、制作专题图、查询定制、模型分析、打印输出等常规操作。本系统的功能需求主要是实现对典型风蚀水蚀治理项目的各种数据信息的有效管理，同时考虑其系统安全性、易用性、对用户变动需求的响应等。

7.3.4 系统设计构架

本系统设计采用客户/服务器模式，客户/服务器模式是针对主机-终端模式的不足提出来的，在出差期间和野外操作过程中随时可以将服务器端配置在便携机上，独立运行系统，从而可以满足客户不同情况下的需求。在总体构架上采用三层结构的方案，在操作系统之上应用系统分为三个不同的层次：基础数据库、数据服务层、客户端（见图 7.11）。基础数据库中主要包括历年的遥感图片数据、矢量格式的遥感信息数字化地图、矢量格式的非遥感信息数字化地图；数据服务中的数据库管理系统采用微软 SQL Server 2000，数据库中保存本系统中的非空间数据信息、系统架构信息比如单位机构设置，用户基本信息，各个图层的属性定义，查询的定制信息，专题图的定制信息，以及专家模型的结果和因子数据等；客户端程序是用户用来管理系统和访问数据的工具，是直接面向使用者的，由系统管理员进行系统搭建、数据维护和用户管理，系统用户进行数据访问，查询统计输出等。

图 7.11　系统总体构架图

本系统服务器端所支持的操作系统是 Microsoft Windows 2000 Server/Advanced Server，客户端支持的操作系统是 Microsoft Window 9X/Microsoft Windows 2000/Windows XP 系列。根据系统对地理信息系统平台的要求，本次开发对 Geomedia、MapInfo、Map Objects（简称 MO）等平台进行了比较，最终选择了 MO 平台。为了快速而方便地实现用户的需求，综合多方面的考虑因素，本系统将使用微软公司最新的 C♯. net 开发工具，该工具集成了 VB 和 Delphi 的优点，将 VB 的易用性和 Delphi 的高性能进行了理想的结合，支持面向对象的开发方式，为以后系统的扩展打下了坚实的基础。信息系统的安全管理主要包括系统级、用户级、操作级、技术级安全四个层面，为系统的平稳安全运行提供技术保障。

7.3.5 系统模块设计

系统模块设计主要包括系统维护模块和使用模块两大部分：

（1）系统维护模块主要是针对客户可能的需求变化提出解决方案，在不改变代码的情况下就可以对客户的需求变更通过维护模块的配置进行应答，其功能主要有机构设置、用户权限管理、配置图层三方面；其模块所有属性数据操作系统反应时间不应该超过 5s，对于地图导入对于 100 兆以内的数据不应超过 30s，对于 500 兆以内的数据不应该超过 1 分钟。

（2）系统使用模块是在维护模块对系统进行配置完成和数据导入基础上，系统使用模块可以直接打开配置中的数据，并对数据进行相应的处理和分析；其功能主要有用户登录、图层管理、图属互查、制作专题图、信息标注、专家模型、地图输出等；其用户登录数据加载时间不应超过 20s，普通图形操作时间不超过 10s，专家模型运算应当给出进度条。

7.4 水土流失治理效益评价系统

7.4.1 评价指标选取原则

示范区水土流失治理效益评价系统作为示范区信息管理系统的一个子系统，最终服务目的是为当地政府决策提供坚实的基础，并应用于区域经济核算过程中，因而，在建立此类评价体系时，评价指标的选取应遵从以下原则：

（1）科学性：所选指标要具有代表性，应能反映流域经营的内涵和目标的实现程度。

（2）可行性：所选指标要实际可测，同时做到数据易于收集，计算方法容易掌握。

（3）系统性：指标体系作为一个统一整体，应能反映和测度评价的主要特征和状况。

（4）独立性：各指标间相对独立，避免重复计算和评价失误。

（5）简明性：各项指标意义明确易于测量、计算，指标体系间无交差、包裹、重叠。

（6）可比性：各项指标体系的计算结果应具有系统在不同时段的纵向可比性及不同系统同层次在同一时间的横向可比性。

（7）层次性：指标体系应根据评价对象和内容分出层次，并在此基础上将指标体系分类，从而使指标结构清晰，便于应用。

7.4.2 评价指标体系构成

水土流失的治理过程是"社会—经济—自然"复合生态经济系统的运行过程，在水土流失治理效果评价体系的建立过程中，不仅要确保三大效益（即经济效益、生态效益和社会效益）的获取，还要遵从可持续发展的思想。三大效益的具体内容如下。

7.4.2.1 经济效益

治理后的区域，由于水土、植被资源受到保护和培育，地力提高，土壤水分有了改善，土地生产力也随之提高。另外，土地利用率增加，原来不毛之地，成了生产用地。改变了广种薄收的习惯，走向集约经营，达到高产稳产。在经济分析中，这一切可以用货币（经济数值）来表示的统称为经济效益。经济效益又分为直接经济效益和间接经济效益。水土流失治理直接经济效益是指人类在水土流失治理工作中进行生产经营活动时所取得的已纳入现行货币计算体系、可在市场上交换所获得的一切收益，包括由水土流失治理产业提供原料的一切产品生产收益和以赢利为目的的非原料功能的收益。间接经济效益是在直接经济效益的基础上，经过某种加工转化，进一步生产的效益。

7.4.2.2 生态效益

水土流失生态效益是指水土流失治理过程中人类和生态环境在有序结构维持和动态平衡保持方面输出的效益之和。包括保持水土、改良土壤、调节气候、减少灾害、保存物种、改善水土资源环境条件等。水土保持生态效益使用价值的消费给农业、工业等部门带来产品价值的增值，给人类生产、生活带来良好的环境，增进了人类身心健康。以淤地坝而论，由于其水肥优良，为农作物的稳产、高产创造了基本，从而单位面积产量可增加 1 倍以上。日本林业厅 1972 年在其国土范围内采用计量调查发现，日本现在森林每年可提供氧气 5200 万 t，防止土壤流失 57 亿 m³，栖息鸟类 8100 万只，其经济价值为120800 亿日元，相当于日本一年的国民经济总产值。我国科学家采用"等效代替法"对一些地区水土保持技术措施的生态效益进行了计算，其效益也是非常可观的。

生态效益可归纳为如下几个方面：

（1）可增加林草植被，提高地面覆盖率和光能利用率。有关试验表明：林草地面的光能反射率比光秃地面降低了 5%～10%。地面能量增加，对提高作物的产量大有帮助。

（2）可改善和调节气候，防风固沙，减少水旱、风沙危害，使单一化的植物群落向多种群、高质量的植物群落演替，还可以为野生动物提供生育繁殖栖息的场所，同时美化环境。

（3）涵养水源，使治理区生态经济系统中开发利用的主要因子得到不同程度的改善，从而为更好的开发利用水土资源及为促进治理区域诸多环境因子的协调发展和养分循环创造条件。

（4）土壤生态系统得到改善。水土保持措施可以减少养分流失，如枯枝落叶回归土壤、畜牧业的发展增加了有机肥，促使土壤的理化性质改善，土壤肥力不断积累，团粒结构增加，土壤微生物量增加，土壤渗透性、抗蚀性能获得提高，从而使濒临荒废的土地资源向多宜性、高效性方向演化。

（5）拦截地表径流、削减洪峰、减少山洪危害，使少而集中的降水资源得以调节和有效利用。

（6）拦截泥沙、控制土壤侵蚀，使下游河道、水库、江河减轻淤积，保护了各类水工程和航道，有利于工农业生产及人民生命财产的安全。

7.4.2.3 社会效益

水土流失治理的社会效益是指水土流失治理行为为人类社会提供的除去经济效益之外的一切有益的贡献（难以用经济数字表示的部分），它体现在对人类身心健康的促进、对人类社会结构的改进和人类社会精神文明状态的改善等方面。

实施水土流失治理以后，不仅促进了农、林、牧、渔的发展，解决了农民温饱问题，而且推动了相应的养殖业的发展，使农产品大大丰富，活跃了城乡市场，繁荣了当地经济，同时改变了农村劳动力结构，解决了剩余劳动力的就业问题，减轻了对土地的压力（水土流失的实质是土地压力过大）。另外，农民富了，生活得到了改善，从而推动了文化教育事业的发展，丰富了各种文化娱乐活动等。

水土保持生态效益是整个水土流失综合治理效益的基础，没有一定的生态效益，就没有经济效益和社会效益，水土流失治理就无从谈起。实践证明，在我国广大山区，如果没有或很少有直接经济效益的水土流失治理，其治理效果成果很难巩固。

水土流失治理，是以保护水土资源、改善生态环境、提高经济效益为目的的。生态效益和经济效益反映到社会效益的综合和统一就是生态效益。经济效益是三个效益中最活跃、最积极的因素，生态效益是社会效益是归宿。总体上三个效益放在同等重要的位置上，不能只片面追求单个效益目标；在实践中必须使经济效益和生态效益相互促进，以经济效益为龙头，并由此来提高生态、社会效益。生态效益是长远经济效益的基础，而良好经济效益为生态环境的改善提供经济力量，两者的功能最终又反映在社会效益上，三者相互作用的矛盾统一，促进了生态经济总体效益的提高。

在水土流失治理过程中不同的发展阶段，三大效益通常表现出不同的特征。治理初期，大量投资用于筑谷坊、修梯田、整地和购苗等，投入量大，但产出的效益低，一般表现为生态、社会效益所占的比重不大。完成治理后，进入强大管理阶段，生态恶性循环得到控制，并开始向良性转化。这时的最大特征是三大效益保持持续稳定的提高，从而获得最佳综合效益。水土流失治理的多年实践证明，经济效益问题已成为山区农村流域治理工作有无内在活力，能否巩固治理成果，能否加快治理速度，能否调动广大农民投入治理的积极性，能否吸引社会办水土保持的制约因素。

综上所述，最终在风蚀水蚀交错区水土流失治理效果评价体系的建立过程中，确定由以上各类效益决定的评价指标体系结构见表7.7。

表 7.7　　　　示范区水土流失治理效益评价指标体系结构

指　标　项　目			代号	权值	计　算　公　式
风蚀水蚀交错区水土流失治理效果评价指标体系	流域生态经济系统效益指标体系	生态系统			
			光能利用率指标 x_{11}	p_{11}	
		森林覆盖率指标	x_{12}	p_{12}	
		土地复原率指标	x_{13}	p_{13}	
		造林成活率指标	x_{14}	p_{14}	$X_1 = \sum_{j=1}^{9} x_{1j} p_{1j} / \sum_{j=1}^{9} p_{1j}$
		草场载畜量指标	x_{15}	p_{15}	
		土壤侵蚀强度指标	x_{16}	p_{16}	
		土壤肥力改善指标	x_{17}	p_{17}	
		农田蓄水指标	x_{18}	p_{18}	
		水质改善指标	x_{19}	p_{19}	
	经济系统	益费比指标	x_{21}	p_{21}	
		成本利润率指标	x_{22}	p_{22}	
		劳动生产率指标	x_{23}	p_{23}	$X_2 = \sum_{j=1}^{5} x_{2j} p_{2j} / \sum_{j=1}^{5} p_{2j}$
		人均纯收入指标	x_{24}	p_{24}	
		单位土地面积收入指标	x_{25}	p_{25}	

续表

指 标 项 目			代号	权值	计 算 公 式
风蚀水蚀交错区水土流失治理效果评价指标体系	流域生态经济系统效益指标体系	社会系统	削减洪峰率指标 x_{31}	p_{31}	$X_3 = \sum\limits_{j=1}^{5} x_{3j} p_{3j} / \sum\limits_{j=1}^{5} p_{3j}$
			灌溉面积率指标 x_{32}	p_{32}	
			人口环境容量指标 x_{33}	p_{33}	
			普通教育就学率 x_{34}	p_{34}	
			人口控制指标 x_{35}	p_{35}	
		综合评价指数			$X = \sum\limits_{J=1}^{3} x_J P_J / \sum\limits_{J=3}^{3} P_J$
	可持续发展评判指标	发展度		D	$SD = \dfrac{c}{Del} \times 100\%$
		环境容量综合指数		Env	
		协调度		C	

7.4.3　水土流失治理效益指标体系基本内容

7.4.3.1　各项效益的计算依据

各项效益指标的计算依据 GB/T 15774《水土保持综合治理效益计算方法》，在计算中包括基础效益（保水、保土）、经济效益、社会效益和生态效益等四类。四者间的关系是：在保水、保土效益的基础上，产生经济效益、社会效益和生态效益。四类效益的计算内容见表 7.8。

表 7.8　　　水土保持综合治理效益分类与计算内容

效益分类	计 算 内 容	计 算 具 体 内 容
基础效益	保水（一）增加土壤入渗	1. 增加土壤入渗
		2. 增加地面植被增加土壤入渗
		3. 改良土壤性质增加土壤入渗
	保水（二）拦蓄地表径流	1. 坡面小型蓄水工程拦蓄地表径流
		2."四旁"小型蓄水工程拦蓄地表径流
		3. 沟底谷坊坝库工程拦蓄地表径流
	保土（一）减轻土壤侵蚀（面蚀）	1. 改变微地形减轻面蚀
		2. 增加地面植被减轻面蚀
		3. 改良土壤性质减轻面蚀

续表

效益分类	计 算 内 容	计 算 具 体 内 容
基础效益	保土（二） 减轻土壤侵蚀（沟蚀）	1. 制止沟头前进减轻面蚀
		2. 制止沟底下切减轻沟蚀
		3. 制止沟岸扩张减轻沟蚀
	保土（三） 拦蓄坡沟泥沙	1. 坡面小型蓄水工程拦蓄泥沙
		2."四旁"小型蓄水工程拦蓄泥沙
		3. 沟底谷坊坝库拦蓄泥沙
经济效益	直接经济效益	1. 增产粮食、果品、饲草、枝条、木材
		2. 上述增产各类产品相应增加经济收入
		3. 增加的收入超过投入的资金（产比）
		4. 投入的资金可以定期回收
	间接经济效益	1. 各类产品就地加工转化增值
		2. 种基本农田比种坡耕地节约土壤和劳工
		3. 人工种草养畜比天然牧场
生态效益	水圈生态效益	1. 减少洪水流量
		2. 增加常水流量
	土圈生态效益	1. 改善土壤物理化学性质
		2. 提高土壤肥力
	气圈生态效益	1. 改善贴地层的温度、湿度
		2. 改善贴地层的风力
	生物圈生态效益	1. 提高地面林草被覆程度
		2. 促进野生动植物繁殖
社会效益	减轻自然灾害	1. 保护土地不遭受破坏与石化、沙化
		2. 减轻下游洪涝灾害
		3. 减轻下游泥沙危害
		4. 减轻风蚀与风沙危害
		5. 减轻干旱对农业生产的危害
		6. 减轻滑坡、泥石流的危害
	促进社会进步	1. 改善农业基础设施，提高土地生产率
		2. 剩余劳力有用武之地，提高劳动生产率
		3. 调整土地利用结构，合理利用土地
		4. 调整农村生产结构，适应市场经济
		5. 提高环境容量
		6. 促进良性循环、制止恶性循环
		7. 促进脱贫致富奔小康

7.4.3.2 经济效益指标计算公式

经济效益指标计算主要包括益本比、投资回收期、成本利用率、劳动生产率、土地生产率等五项，具体计算公式如下：

（1）益本比：益本比是指一定时间内治理区域内的纯收益与成本的比率，它是经济效益概念的定量表现。

$$益本比 = \frac{纯收益}{总成本} \times 100\%$$

（2）投资回收期：投资回收期是指在水土流失治理中某项投资的本金与产生的年净产值之比，反映了该项投资的回收年限。

$$投资回收期 = \frac{投资总值}{因投资而增加的净产值} \times 100\%$$

（3）成本利用率：成本利润率是指一定生产费用下所产生的利润，它反映了成本与利润丰厚程度之间的关系。

$$成本利润率 = \frac{利润率}{生产费用} \times 100\%$$

（4）劳动生产率：劳动生产率是指单位活劳动消耗量所创造的产值。农产品价格，上交和未出售的按当地政府所公布的统一价计算，已出售的按当地政府所公布的统一价计算，已出售的实际卖出所得的收入计算。活劳动量系指全年有多少人劳动。全劳力以 300 天出勤计为一个人年，半劳力和零星劳力须折成全劳力进行计算。

$$劳动生产率（人·年） = \frac{产品量或价值量}{土地面积} \times 100\%$$

（5）土地生产率：土地生产率是指单位面积的土地上所产生的产品量或价值量，它反映了土地生产力的高低。

$$土地生产率 = \frac{产品量或价值量}{土地面积}$$

7.4.3.3 生态效益指标计算公式

生态效益指标计算主要包括光能利用率、土壤侵蚀减少率、林草被覆率、治理度、土壤有机质含量、环境质量提高率、系统抗逆力等七项，具体计算公式如下。

（1）光能利用率：光能利用率是指一定时期内单位面积上，作物积累的化学潜能与同期投入该面积上的太阳辐射能之比。它反映了流域生态系绿色植物扩大固定太阳能的规模和光能的转化效益。

$$E = \frac{1000YH}{10000 \times 10^4 \sum Q} \times 100\%$$

式中：E 为光能利用率，%；Y 为生物学产量，kg/hm^2；H 为燃烧 1g 物质释放的参量，kJ/g；Q 为太阳辐射能，kJ/cm^2。

（2）土壤侵蚀减少率：进行水土流失治理后，土壤侵蚀量与治理前相比，减少量的百分率，称之土壤侵蚀减少率，它反映流域土壤侵蚀程度的变化。

$$土壤侵蚀减少率 = \frac{治理前土壤侵蚀模数 M_s' - 治理后土壤侵蚀模数 M_s}{治理前土壤侵蚀模数 M_s'} \times 100\%$$

（3）林草被覆率：林草被覆率指治理区域内林草面积之和与总土地面积的比值。林草被覆率对流域生态平衡具有决定性意义，其值达到一定量时，可较好起到调节气候、保持水土的作用。

$$林草被覆率 = \frac{林草地面积之和}{土地总面积} \times 100\%$$

（4）治理度：流域区域内已治理面积，即施行水土保持措施的面积，包括造林地、种草地、基本农田及筑坝拦截面积之和与产生水土流失面积的比值，称为治理度或治理面积率。反映流域内应治理的面积中有多少已被治理。

$$治理度 = \frac{已治理面积}{需治理面积} \times 100\%$$

（5）土壤有机质含量：土壤中的有机质，来源于动植物残体、死亡的微生物和施用的有机肥料等，土壤有机质含量指某种土壤耕作层有机质量与该种土壤耕作土壤总重量的比值。该指标反映了土地的肥力状况。

$$土壤有机质含量 = \frac{样品中有机质重量}{样本总重量} \times 100\%$$

（6）环境质量提高率：环境质量提高率反映治理区域环境质量前后的变化，体现环境质量是提高了还是恶化了的综合指标。

$$Q = \frac{\sum\limits_{i=1}^{n} f_i x_i}{\sum\limits_{i=1}^{n} f_i} \times 100\%$$

$$x_i = \frac{x_{i1}}{x_{i0}}$$

式中：Q 为环境质量提高率，%；f_i 为某环境因子的权数；x_i 为该环境因子本期监测数值与基期监测数值的比值；x_{i1} 为该环境因子本期监测数值的绝对值；x_{i0} 为该环境因子的基期监测数值的绝对值。

（7）系统抗逆力：治理区域生态经济系统在灾害年份的产值与正常年份的产值之比称为系统抗逆力，它反映了该系统的稳定程度或系统抗御自然灾害的能力。

$$系统抗逆力 = \frac{系统灾害年产值}{系统正常年平均产值} \times 100\%$$

或

$$R_a = \frac{\sum |F_i - F|}{NF} \times 100\%$$

式中：R_a 为系统评价期间的平均相对变率；F_i 为某年系统的功能水平（产量或产值）；F 为评价期间各年系统功能平均值；N 为评价期间的年数。

7.4.3.4 社会效益指标

社会效益指标计算主要包括农产品商品率、劳动力利用率、人均总产值、人均纯收入、人均粮、粮食公顷潜力生产实现率、收入递增率、生产生活设施增长率、恩格尔系数等九项，具体计算公式如下：

（1）农产品商品率：全年农产品转化为商品的产值与全年各种农产品产值之比，称为农产品商品率。它反映了治理区域生产系统对外部的贡献。

$$农产品商品率 = \frac{全年各种农牧渔产品商品产值之和}{全年各种农牧渔产品产值之和} \times 100\%$$

式中，商品产值即农产品出售的实际收入。各种农产品产值系指最终新产品产值，中间产品产值不计。为了便于统一计算，各业产值计算方法规定如下：种植业包括经济产量和秸秆产值；林业以砍伐获得的薪材量及收获的果品价值计算；牧业只计新生幼畜、幼畜增值、出售畜产品（肉、皮、毛、蛋）产值，不计粪便、役畜自用劳务价值；草业只计满足畜禽饲养需要量后剩余产品的价值，不是全部产草量的价值。

（2）劳动力利用率：劳动力利用率指实用工日数与全年拥有工日数的比值，反映了劳动力利用程度，也反映了劳动力的剩余程度。

$$劳动力利用率 = \frac{实用工日数}{全年拥有工日数} \times 100\%$$

式中，实用工日数包括从事农业、林业、牧业、草业、副业和渔业的工日数及非农业（如运输、医疗和劳务等）的工日数。实用工日数中，牧业用工是比较难以统计的。可采用各种畜禽管理所需工日数据折算［工日/（头（只）·年）]；牛马 90；绵羊 6、奶羊 30、奶牛 180，生猪 55、兔（成龄）30，禽 5。拥有工日数每个全劳动力为 300 日每人，半劳动力按出工程度折算为全劳力后计算。

（3）人均总产值：总产值是治理区域内物质生产单元在一定时期内所生产的全部物质资料和总和。人均总产值指流域内一定时期的总产值与该时期平均人数的比值。反映物质生产水平的高低。

$$人均总产值（元/人） = \frac{总产值}{人口}$$

（4）人均纯收入：人均纯收入指流域内一定时期的纯收益与该时期流域内人口数的比值，它是富裕程度的一个重要指标。

$$人均纯收入（元/人）=\frac{总收入}{人口数}$$

式中，纯收入系指从总收入中扣除生产费用后的余额部分。农业净产值与农业总收入是 2 个不同概念。总收入除包含农业净产值外，还包含生产单位其他物质部门（如工、商、建、运、服务等来）的生产性净收入，以及救济款等非借贷性收入。

（5）人均粮：流域内粮食总产量与农业人口数的比值称为人均粮。它反映了人均粮食占有水平。

$$人均粮（kg/人）=\frac{粮食总产量}{农业人口数}$$

式中禾谷类与豆类粮食产值以实物计算，薯类以实物除 5 计算。

（6）粮食公顷潜力生产实现率：指现有粮食平均公顷产量与潜在公顷产量的比值，反映了对粮食生产潜势的挖掘程度。

$$粮食公顷潜力生产实现率=\frac{现在公顷产量}{潜在公顷产量}\times100\%$$

式中，作物生产潜力系指在品种适宜、肥料供应充足和栽培方法科学的前提下，当地气候资源（光、热、水）的生产潜力。考虑到资料提取的难易程度和计算复杂与否，可采用修订的 H. 里思估算式：

$$Y_1=\{2000\div[1+\exp(1315-0.119T)]\}\times0.7$$
$$Y_2=\{2000\times[1-\exp(-0.000664R)]\}\times0.7\times15$$

式中：Y_1 为温度生产潜势，kg/hm^2；Y_2 为水分生产潜势，kg/hm^2；exp 为 e（2.71828）的乘幂；T 为年平均温度，kg/hm^2；R 为年平均降水量，mm。

无灌溉条件者采用 Y_2 计算，有灌溉条件者用 Y_1 计算，两者均有者，按比例加权平均。

（7）收入递增率：收入递增率是收入年增长幅度，反映了系统功能逐渐完善，输出功能提高的程度。

$$收入增长率=\frac{计算年农业总收入-基础年农业总收入}{相隔年份数}\times100\%$$

（8）生产生活设施增长率：指新增生产生活设施价值与原有生产生活设施的比值，反映了生产、生活、设施质量改善程度。

$$增长率=\frac{新增生产生活设施价值}{原有生产生活设施价值}\times100\%$$

式中，生产设施主要指大中型生产资料的购置费用；生活设施主要指"住和用"的设施，并均折为价值计算（现价）。"用"的设施主要指中高档用品，包括自行车、缝纫机、摩托车、小汽车、电视机、音响、家具、冰箱、洗衣机等。

（9）恩格尔系数：指人均食品消费支出占总消费支出之比值，它反映了经济发展的不同阶段。系数越高，经济发展越落后；反之，经济越发达。

$$恩格尔系数 = \frac{食品消费支出}{总消费支出} \times 100\%$$

式中，食品消费支出包括购买食品的开动和自产、赠送食品中用于消耗的折算价值。总消费支出包括各种消费（包括吃、住、行、衣等）的总价值，自有物品的消耗同样计算其价值。

7.4.3.5 可持续发展评价指标体系

可持续发展评价指标体系主要包括以下 15 项指标：

（1）人均纯收入。

（2）恩格尔系数。

（3）贫困人口占总人口比例。

（4）享受社会保障人口占总人口的比例。

（5）人均受教育年限。

（6）人口自然增长率。

（7）人均国土面积。

（8）人均耕地面积。

（9）人均水资源占有量。

（10）人均能源占有量。

（11）自然灾害受灾人口占总人口的比例。

（12）水土流失治理率。

（13）森林覆盖率。

（14）水环境质量。

（15）大气环境质量。

7.4.4 评价系统程序开发与应用

"评价系统"开发与应用主要包括需求分析、数据库管理方式的确定、程序界面的设计、程序源代码的编写、编译运行使用、评价结果的生成等六方面内容。

7.4.4.1 需求分析

进行需求分析，全面考虑体系所需实现的功能，这是在建立"评价体系"之前必须开展的首要工作。进行需要分析之后，确定"评价系统"应实现的功能如下：

（1）建立基本资料库。

（2）建立指标库。

（3）建立支持库（评价库）。

（4）建立友好的人机界面，结合以上三库，对地区小流域水土流失做出评价。

（5）结合预测模块，对该小流域的发展前景做出预测。

（6）对该流域的水土保持提出建议。

根据"评价体系"要实现的功能，确定其运行流程图如图 7.12 所示。

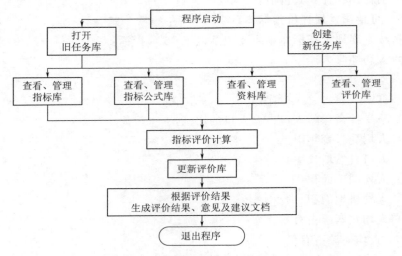

图 7.12　评估体系程序运行流程图

7.4.4.2　评价系统的数据管理方式的确定

"评价系统"要实现有对多种指标的评价计算，对每种指标的计算都要涉及对多种不同类型的样本数据的添加、更新和删除等操作，为提高评价系统的运行性能，同时降低程序及数据在后期运行过程中的维护难度，最终确定由 DBMS（数据库管理软件）来管理"评价系统"运行过程中所处理的数据，本"评价系统"运行过程中所使用的 DBMS 软件是由微软公司开发的 Access 2003，该软件功能强大，操作简单，由其提供的 OLE DB 类数据源易于连接，在本类"评价体系"的建立过程中，以 Access 作为数据库管理程序是一个不错的选择。但是，使用 Access 作为"评价系统"数据库管理软件存在着一定的局限，即若要保证"评价系统"的正常运行，必须在"评价系统"的运行工作站上安装 Access 2003软件，这是保证"评价系统"正常运行的必要条件。"评价系统"所用任务模板库为关系型数据库，其内部各表及功能如表 7.9 所示。

表 7.9   **"评估体系"任务模板库结构及内容**

表　　名	存　储　内　容
资料	任务库中的各类资料值
资料年份明细	各类资料项的明细时间值
资料说明	资料表中各类资料的是否可用等存在状态
指标	指标名及指标评价分级标准
指标明细	指标的等级属性
公式	各类待评价指标的计算公式
评价结果	指标评价计算的结果
评语	针对不同指标不同等级的不同评语
库说明	用于存储任务库内各类表的说明及相关数字参数

7.4.4.3　程序界面的设计

在确定了程序的功能和所用数据库结构后，以之为依据进行程序的界面的设计，程序界面应简单明了且要保证程序功能的完整性。最终确定本"评价体系"的程序界面如图 7.13 所示。

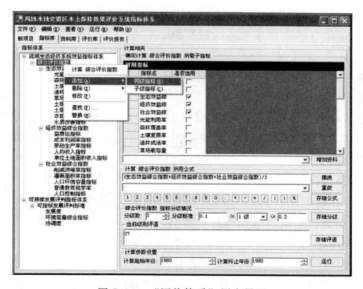

图 7.13　"评价体系"用户界面

由于"评价系统"具有查看和管理指标库、资料库、评价库等功能，为节约程序界面空间，在主程序界面上，使用选项卡控件针对不同的功能实现了不同的设计。经过分析，发现指标体系具有等级性（综合指数的计算参数是其子指标的计算结果），故选用树状结构来可视化指标体系，并用 DataGrid 控件来显示任务库中资料、评价结果等数据内容。

7.4.4.4 程序源代码的编写

在开始程序代码编写之前，首先要确定使用何种编译器，在本"评价系统"的建立过程中，所使用的编译器是微软公司开发的 Visual Basic. NET (VB. NET)，该编译器是在 VB6.0 基础上的一个重大飞越，它不是 VB 6.0 的升级版，而是一个全新的平台，VB. NET 提供了完善的面向对象支持，支持的如下功能：

（1）封装（Encapsulation）：是指对象只显露公用的方法和属性。

（2）继承（Inheritance）：VB. NET 允许定义基类来支持继承，派生类可以继承、扩展基类的属性、方法、事件和数据成员。

（3）多态性（Polymorphism）：即为"多种形态"，VB 从 4.0 开始已经提供多态性支持，在 VB. NET 中，类支持两种类型的继承——接口继承和实现继承，多态性将有更广泛的用途。

在"评价体系"的建立过程中用 VB. NET 支持的 ADO. NET 作为数据库接口，ADO. NET 提供了三个基类：Connection，Command 和 DataReader，通过这三个基类的相应的子类，可以在 VB. NET 中访问不同的数据源。本程序使用的是由 Access 建立的数据库充当的数据源，这是一种 OLE DB 数据提供者，通过 ADO. NET 的 OleDbConnection，OleDbCommand，OleDbAdapter 等类的对象可以实现对该类数据源的访问和管理，从而实现对"资料库""指标库""支持库"的查看和管理。

在选定了程序编译器后，在程序代码编写过程中要紧密结合需求分析结果和程序界面元素，以面向对象的编程思想为指导，此时应注意所编写的代码要确保程序功能的完整性。

7.4.4.5 编译运行使用

此步工作在程序源代码编写过程中便有涉及，在程序源码编写完毕后，使用 VB. NET 对源代码进行编译连接，得到可运行的"评价系统"程序后，利用测试数据对程序进行调试，寻找任何可能出现的漏洞，并对相应的漏洞进行修补，最后，对程序检验无错后，投入使用。

要在工作站上运行"评价系统"，必须首先满足如下两方面的条件：

（1）由于"评价系统"是使用 VB. Net 开发的，因此，为安装"评价系统"程序，必须在工作站上安装微软公司开发的 .Net 框架。

（2）在程序运行的工作站上还要安装 Access2003、Excel2003 和 Word2003，

这三个程序分别用于程序数据的管理，程序数据的批量导入和生成评价结果报告文件。

安装成功后，"评价系统"可在 windows 环境下运行，使用它进行风蚀水蚀水土流失治理效果的评估时，使用步骤如下：

（1）启动程序，建立一个新的任务库或打开一个已有任务库。

（2）对打开的任务库的指标体系进行修正，建立自己需要处理的指标类别。

（3）根据该类指标评价计算过程中所需资料类别，对资料库进行更新。

（4）评价计算，获得评价结果和相关评语与建议。

（5）退出程序。

7.4.4.6　评价结果的生成

"评价系统"在完成指标评价计算后，会自动将结果与库中相应指标的分级标准做比较，并根据分级情况在任务库中寻找相应的评语和建议，最后通过程序自动生成 doc 格式的 word 文档。在文档中存储对所评价指标的评语，同时更新任务库，在任务库的评价表中存储对所评价指标的评级结果。

本项"风蚀水蚀交错区水土流失治理效益评价系统"程序运行于 windows 界面下，操作简便，它能够根据用户需要，在程序运行期间实现对指标体系的管理，并对相应指标计算公式进行编辑，可输入指标评价计算的分级标准和各级评语，单个或批量导入用于指标评价计算的资料数据，最终得到指标计算的评价结果后，可自动对结果进行分级并生成 word 文档格式的报告文件。本项"评价系统"功能强、性能好、扩展性好、可升级性好，可用于对风蚀水蚀交错区水土流失治理效果的实际评价和其他同类工作中，这在开展水土流失治理效果评价工作中具有重要的现实和理论意义，对同类工作的进行具有重要的参考价值。

8 结语

　　本研究以土壤侵蚀动力学和泥沙运动理论为基础,以示范区建设和综合治理技术推广应用为切入点,通过示范区风沙活动综合监测、室内风洞试验、植被调查以及资料分析等多种方法,研究揭示了典型风蚀水蚀交错区风沙输移规律和形成机理,提出了具体可行的综合防治措施,并建立了示范区小流域地理信息管理及效益评价系统,有力地提高了示范区治理规划及效益评价水平。本研究取得的主要研究成果包括典型风蚀水蚀交错区风沙形成机理、综合治理措施、风沙活动与植被条件的耦合关系、植被特征和土壤理化性质、经济状况变化和优势物种选择、地理信息管理及效益评价系统的应用等六方面内容。

8.1　风蚀水蚀交错区风沙形成机理

　　从示范区现场风沙综合监测数据分析的角度,主要从气象因素、不同下垫面对风速的影响、风沙流结构与变化特征等几方面进行研究示范区风沙形成的起因和过程。在气象因素方面,该区域在历年风沙活动较为集中的 3—5 月时段具有相同趋势的气象因素变化:风速 WS 相对较大,为土壤沙尘的起动输移提供了较强的动力条件；风向 WD 相对稳定，使土壤沙粒在风力的推动下向一个相对稳定的方向输移；湿度 RH 相对较小，为土壤沙尘提供干燥的外界环境，使得土壤沙尘颗粒更易于起动输移；降雨量 RG 很小，几乎为 0，没有发挥降雨的固土固尘作用，使土壤沙尘颗粒更易于发生起动输移；这一系列气象因素的影响均为土壤沙尘的起动输移提供了一定的外部条件，使得该区域该时段更易于发生沙尘天气，这与实际沙尘易发期是相吻合的。在不同下垫面对风速的影响方面，耕作后的高效农田、退耕后自然恢复的禾本科草地和人工恢复的灌木丛三种下垫面条件下，平均风速从大到小依次为高效农田、草地、灌木林地，垂向分布的基本规律是自下而上风速逐渐增加，而且愈往上层风速增加的幅度在逐渐减小；不同下垫面对近地表风速的减弱效果随高度的变化而有所不同，在高度为距地表 10cm 以下范围时草地对近地表风速的减弱效果为最好，在高度为距地表 20～30cm 范围时灌木丛对近地表风速的减弱效果为最好，而在高度为距地表 50cm 以上时，由于没有植被的有效阻挡，三种下垫面对近地表风速的减弱效果相差不大；对于退耕后自然恢复的禾本科草地、人工种植的中密度苜蓿地和高密度苜蓿地三种下垫面条件下，三种草地近地表的风速廓线比较相似，均是随高度增加而递增的趋势，但在距地表 10cm 以下，人工种植的苜蓿地的风速值明显小于自然恢复的禾本科草地，近地表风速的减小有利于加强对地表的保护和减少风蚀的发生，也就是说人工种植的苜蓿地更有利于对地表的保护。在风沙流结构与变化特征方面，风蚀物总量垂直空间分布监测数据分析显示，观测点采集的沙量从多到少依次为高效农田、草地、灌木林地，而且 4 月三个观测点的风蚀物总量均比 5 月的风蚀量明显要大，风蚀物总量空间分布基本规律呈自上而下采集沙量逐层增加，这说明三种不同下垫面条件对风沙输移的抑制作用从强到弱依次为灌木林地、草地、高效农田，且 4 月风沙活动输移对当地及周边地区的影响程度比 5 月要大一些；从输沙量与下垫面特性的关系分析来看，高效农田、草地和灌木丛三种下垫面在植被盖度上存在较大差异，但在土壤容重、地表紧实度和含水量上的差异并不大，植被盖度对近地表气流层中的输沙量有较大的影响，在其他下垫面特性基本相同的条件下，植被盖度越大，输沙量越小。

从结合土壤侵蚀和泥沙运动理论进行相关资料分析的角度，主要从风蚀水蚀的特性、风蚀水蚀两相侵蚀的形成机理、植被演化与风沙活动的关系、小流域环境因子的影响等几方面对风蚀水蚀形成机理展开进一步研究。在风蚀水蚀的特性方面，示范区小流域所处位置为典型的坡状高原区，主要侵蚀方式是高原风蚀为主的风水两相侵蚀，在长期的风蚀作用或人为作用，使下伏沙地的植被破坏，地表发生粗化，土壤表层结构遭到破坏后，在降雨过程中经流水作用形成侵蚀沟，三年左右就形成小切沟；夏秋雨季侵蚀以水蚀为主、风蚀为辅，9月降水减少，水蚀逐渐减弱，同时风力逐渐加大，侵蚀以风蚀为主、水蚀为辅，5月风蚀逐渐减弱后，侵蚀又以水蚀为主，如此循环，以风蚀和水蚀形成的侵蚀过程在时间上相互交替、补充和加剧，在空间上相互交错与叠加，相互创造形成条件，使得侵蚀过程呈现为风水两相侵蚀。在风蚀水蚀两相侵蚀的形成机理方面，结合示范区自然生态环境分析得到影响风蚀水蚀两相侵蚀的主要驱动因素有气候条件、地质地貌因素、水文条件以及植被和人为因素等几方面，风蚀水蚀均为气候作用的产物，其中降水起决定性的作用，地质地貌决定了侵蚀和堆积物的状况，局部的水文条件及土壤水分直接影响土壤侵蚀方式，植被盖度和人为因素作用下的土地利用方式可影响土壤侵蚀类型的过程，并能加速和减缓各种土壤侵蚀作用。在植被演化与风沙活动的关系方面，通过调查近期相关研究资料和历史文献，分析确认了河北坝上地区与北京风沙活动关系的密切联系；在此基础上分析探讨了植被退化对风沙活动产生的重要影响及相互之间的关系，并针对属于生态脆弱区的河北坝上地区分析了植被退化的原因和提出了生态植被恢复、发展建设高效农业、加大保护植被力度等切实可行的相关恢复对策。在小流域环境因子的影响方面，风水两相侵蚀受多种因素的驱动作用，其中环境因子的变异性对区域风水两相侵蚀具有决定性的影响和作用，主要包括气象因子和人为因子两个方面，气象因子以风速和降雨量两项因子的变异程度相对较大些以致影响最为明显，而人为因子中人口增长压力、滥垦滥牧等人为因素对区域风蚀水蚀具有直接的诱导和加剧作用。

从以上现场监测资料分析和结合相关理论分析对示范区风沙活动的形成机理进行了系统的深入研究，揭示了影响区域风沙活动的深层次因素和机理，给该区域的综合治理决策提供了强有力的科学依据和技术支撑，为保障实现风沙源治理区域可持续发展奠定基础。

8.2　风蚀水蚀交错区小流域综合治理措施

在对示范区进行相关综合监测和机理分析研究的基础上，结合项目示范区自然环境和生态条件，因地制宜地制定采取了一系列的综合治理措施来防治风沙带来的危害，主要包括工程措施、生物措施、生态自然修复措施及人文措施等，通过这些措施的实施示范区生态环境得到了较大改善并取得了明显的治理效果。在工程措施方面：①大力发展以浅层地下水灌溉为主的高效农田建设和推广保护法耕作，是坝上地区退耕还林还草、发展畜牧业的基础；②建设小型水利水保工程，发展节水灌溉工程，合理开发利用水资源；③坚持沟道拦泥骨干工程和坡面集雨工程相结合，最大限度地拦截了泥沙，在暴雨洪水季节保障了下游周边村庄和农田的安全。在生物措施方面：①坚持生物措施和工程措施配套相结合，综合优化配置生物措施，营造乔、灌、草立体生物防护体系；②科学营造防护林带是坝上地区治理风沙改善生态的有效措施，建设以防风、护田及护场为主的农田防护林和牧场防护林，以有效地改善农田、草场的水土条件和提高其质量及生物量。在生态自然修复措施方面：①因地制宜地进行区域封禁定向植被恢复和退耕还林还草，有效保护自然修复和治理成果；②实行科学分时分区轮牧，发展生态型农牧业，给生态自然修复以时间和空间。在人文措施方面：①加大水保执法力度，有效防止边治理、边破坏等现象发生；②对县级水保技术骨干和项目管理人员进行综合技术培训，提高当地水保技术力量的科学治理能力；③对当地百姓采取多种形式进行生态环境公众意识教育，积极推广群众参与式管理，让群众能自觉参与到综合治理的维护和行动中来。通过一系列的综合治理技术示范推广，风沙区的林草植被将迅速增加，新的生态平衡将会明显地减沙固沙，迅速改善农牧业的生产条件，并很大程度地改善和保障了示范区域的生态环境。

8.3　风沙活动与植被条件的耦合关系

为了进一步深入研究风沙活动与植被条件的耦合关系，主要采用室内风洞试验和理论分析相结合的方法，通过人工模拟不同植被形态和风速条件，研究不同的植被结构参数（高度、行距、株距、覆盖率、侧影盖度）对于风速、风速廓线、下垫面空气动力学参数、沙粒起动风速、风蚀输沙率及其垂直分布的影响，并找出两者之间的相关关系及其变化规律，探讨风蚀水蚀交错区植被结构对环境演化的作用，为风蚀水蚀交错区的风沙治理、土地保护和植被恢复提供科学的理论指导。

在植被条件对风速廓线的影响方面，无植被时近地表风速随高度的增加而增大，符合对数规律，并且随输入风速的增大，近地表风速梯度逐渐增大；下垫面有植被覆盖时，近地表相同高度上的风速值随植被模型行距和株距的减小而减小，在风速廓线上表现为其斜率随植被模型行距和株距的减小而减小，并且行距和株距愈小，风速廓线愈远离无植被时的风速廓线；植被模型的高度对于风速廓线有一定影响，高度为 10cm 的植被模型比 5cm 的植被模型挡风效果好；下垫面有植被时，风速廓线随高度不再遵循对数规律，而是以植被高度为界分为粗糙亚层和惯性亚层两个亚层，下层为粗糙亚层，风速梯度随植被层特征的变化呈现明显的随机性特征，上层为惯性亚层，风速梯度随植被层特征变化呈现有规律的变化,在植被层以上风速随垂直高度仍呈对数规律变化,并且其变化特征与植被条件关系密切。在植被条件对挡风效果的影响方面,主要研究了植被的高度、行距、株距、侧影盖度以及输入风速等因素对于风速减小率的影响;植被高度对于风速减小率有一定的影响,如果以风速减小率为 35% 作为衡量植被有效降低风速的标准,高度为 10cm 的植被模型,其降低风速的有效作用高度在 8cm 左右,而高度为 5cm 的植被模型,其降低风速的有效作用高度仅有 3cm;随着输入风速的增大,植被的挡风效果在不断降低;不同高度上的风速减小率随着植被模型行距或株距的增加均呈减小的趋势,且随垂直高度的增加而减小,两种植被模型在 4cm 高度处的风速减小率随行距均呈指数递减的趋势,其中株距的变化对风速的改变影响更大;不同高度上的风速减小率随植被侧影盖度均呈指数递增的趋势,并且植株高度较高、密度较小植被的防风蚀效果可由植株高度较矮、种植密度大的植被达到。在植被条件对下垫面空气动力学参数的影响方面,无植被覆盖和有植被覆盖的下垫面其粗糙度均随输入风速的增大而减小,粗糙度不仅仅是一个反映下垫面粗糙特征的物理量,更准确地讲是反映下垫面与近地表气流相互作用力学特征的物理量;有植被覆盖的下垫面空气动力粗糙度随植被侧影盖度的增大而增大,且变化规律符合指数函数形式,但其增加率随植被侧影盖度的增大而逐渐减小,并最终趋于零,因此下垫面空气动力学粗糙度有一个极值;有植被覆盖的下垫面粗糙度随植被模型株距和行距的增大而减小,并且覆盖高度为 10cm 植被模型的下垫面比 5cm 的粗糙度大;在植被侧影盖度相同的情况下,错落排列的植被模型其下垫面的空气动力学粗糙度要高于重合排列的植被模型,因此植被为错落排列的防风蚀效果好于重合排列。在植被条件对风蚀输沙率的影响方面,建立有植被参数的风蚀输沙率模型能够深入研究植被条件对于风蚀输沙率的影响程度,引入描述植被条件的三个物理量(植被覆盖率、植被侧影盖度和植被排列系数),通过理论推导得到了利用上述三个物理量为自变量的输沙率模型的一般形式,并且根据其变化规律预测了模型的基本形式,并应用本次风洞实验的结果与模型理论值进行了对比,结果显示理论值与实验值比较吻合,该输沙率模型能够较好地体现植被对于输沙率的影响。

8.4　植被特征和土壤理化性质

为了充分了解示范区域生态环境状况和提高示范区小流域的综合治理研究水平,项目组对项目示范区小流域的植被种类分布、生长情况以及相关的土壤理化性质进行了现场实地踏勘取样分析,得到了最新的示范区植被特征情况和土壤理化性质分析结果，为小流域的综合治理研究提供了宝贵的实测资料信息，为进一步深入开展研究奠定坚实基础。在植被特征调查方面，示范区内植被种类丰富，总计有种子植物 34 科 120 种，但由于局部草场过度放牧现象严重，草场退化导致不少地方出现成片的狼毒等退化草场的指示群落；草场植被属于典型草原类型，主要分有三种群丛，其中"白茅＋狗尾草群丛"为芦草胡同村退耕还草后最重要、最有代表性的草原群丛；项目示范区土壤属于微碱性土壤，陡坡地的土壤含水量、有机质含量和硝基氮含量最大，高效农田次之，而退耕还草的坡耕地三种植物群落的三项指标差别不大；综上所述，项目示范区的植被生长分布特点及土壤理化性质为该区域风蚀水蚀的形成提供了适宜的外部条件和基础，是形成风沙活动的主要外部因素之一。

8.5　经济状况变化和优势物种选择

为了更好地评价退耕政策为农民所带来的实际收益，项目组进行了退耕还林还草前后农民经济情况调查，并通过分析退耕前后农民经济情况的变化情况作为其科学评价的依据。在退耕前后经济状况对比分析方面，退耕后与退耕前的耕地面积相比，户均耕地面积减少了 70％，不同利用类型的耕地面积均有所减少；退耕后农民总收入比退耕前有较大增长，农业收入受耕地面积减小影响略有减小，牧业收入略有增加，但农民其他收入增长较大；退耕前后农民收入结构有较大改变，农业收入中，蔬菜收入增长迅速，比例增加，牧业收入中，饲养奶牛的收入比例增加，饲羊山羊的收入比例减小，农民其他收入在退耕后总收入中所占比例最大，反映出农民收入结构的改变。在优势物种选择方面，项目组根据实际情况因地制宜地提出了基于生态效益和经济效益兼顾的植被恢复优势物种的选择，并制定了应主要以乡土物种为主、考虑植物种生态效益兼顾其经济效益、好的物种原则上可以引进但必须进行植物种的引种实验、始终坚持"因地制宜"等四个原则，共找出适合畜牧业和林果业发展的六种本土物种和三种引进物种，该优势种均是通过实地栽培实验验证的，能够适应半干旱区恶劣的自然条件，并且能够为坝上地区生态环境的改善、农民收入的增加和农业结构的改变创造条件。

8.6　地理信息管理及效益评价系统的应用

为了更好地提高和促进小流域综合治理的信息化和科技管理水平，通过遥感技术（RS）和地理信息系统技术（GIS）在土壤侵蚀调查中广泛应用，并结合土壤侵蚀动力学将土壤侵蚀预报模型与遥感技术和地理信息系统技术进行有机结合，建立了集土壤侵蚀预报、遥感动态监测和水土流失治理效益评价于一体的示范区小流域综合管理信息系统。土壤侵蚀预报模型可以用来定量评价水土流失和水保效益，通过土壤侵蚀预报模型定量计算土壤流失量，能清醒地认识土壤侵蚀的严重程度，客观地认识土壤侵蚀规律和评价水土保持措施的效益。相对于传统的土壤侵蚀调查技术，RS 和 GIS 具有耗资少、周期短、宏观、快速等特点，RS 可以用于提供信息，GIS 用于数据处理和分析，土壤侵蚀预报模型结合 RS 和 GIS 技术已成为土壤侵蚀调查中快速有效的手段。遥感技术不仅可以快速的查清风沙区的现状，同时，还可以通过 80 年代的遥感图像和近期的遥感监测图像进行对比分析，一目了然地看出风沙区的演变和发展过程、空间分布及其水土流失治理效益，这对于科学的制定治理水土流失、防止沙化的措施和在短期内就能见到治理效果的方案具有极其重要的意义。水土流失治理效益评价系统作为示范区综合信息管理系统的一个子系统，以遵从可持续发展为主导思想，以经济效益、社会效益和生态效益三大效益为评价指标体系的终极实现目标，通过计算机语言编程结合需求分析、数据库管理方式的确定、程序界面的设计、程序源代码的编写、编译运行使用、评价结果的生成等六方面内容进行评价系统的开发与应用，使示范区小流域治理效益评价真正地实现信息化和自动化。

本次研究通过现场监测、综合调查、风洞实验、机理分析和建立信息管理系统等多种技术方法对示范区综合治理情况进行了系统地研究与评价，得到的主要结论和建议包括：

（1）通过对示范区小流域系统地综合监测分析可以看出，气象等监测因子均不同程度地为示范区域风沙输移活动提供了有利的外部条件，特别是风速、降雨量因子对风沙输移的形成影响更加明显；耕作后的高效农田、退耕后自然恢复的禾本科草地和人工恢复的灌木丛三种下垫面对风速的减弱效果随高度的变化而有所不同，但综合来说自然恢复的禾本科草地对近地表的保护作用最好；三种草地近地表的风速廓线基本相似，均是随高度增加而递增的趋势，其中人工种植的苜蓿地更有利于对地表的保护；输沙量与下垫面性质密切相关，高效农田的总输沙量及各层输沙量明显高于草地和灌木丛，在近地表空间输沙量随高度的增加逐渐减小，且植被盖度对近地表气流层中的输沙量有较大影响。

（2）通过自行设计的室内环境风洞实验对坝上风蚀水蚀交错区风沙活动与植被条件的耦合关系进行了深入探讨和研究，在风洞中模拟自然条件下的大气边界层，测定不同的植被结构参数（高度、行距、株距、覆盖率、侧影盖度）

对于风速、风速廓线、下垫面空气动力学参数、沙粒起动风速、风蚀输沙率及其垂直分布的影响，并找出了两者之间的相关关系及其变化规律，并引入了描述植被条件的两个物理量（植被覆盖率和植被侧影盖度），通过理论推导得到了利用上述两个物理量为自变量的输沙率模型的一般形式，并且根据其变化规律预测了模型的基本形式，为研究该区域小流域最佳综合治理模式提供理论依据和技术支撑。

（3）通过对示范区小流域植被、土壤理化性质、治理前后经济状况、优势物种选择等综合调查分析可以得到，示范区内植被种类丰富且呈现多样化，总计有种子植物 34 科 120 种；土壤属于微碱性土壤，陡坡地的相关指标含量最大，高效农田次之，而退耕还草的坡耕地三种植物群落的三项指标差别不大；示范区治理后比治理前经济状况得到较大改善，人均耕地面积虽然大幅减少，但农牧业生产和收入结构得到较大程度地优化，人均收入有较大地增长，当地百姓的生活水平也有了一个较大地提高；优势物种选择共选出白香草苜蓿等六种适合当地畜牧业和林果业发展的本土物种和紫花苜蓿等三种引进物种，为坝上地区生态环境的改善、农民收入的增加和农业结构的改变创造条件。

（4）示范区小流域的主要侵蚀方式是以高原风蚀为主的风水两相侵蚀，以风蚀和水蚀形成的侵蚀过程在时间上相互交替、补充和加剧，在空间上相互交错与迭加，相互创造形成条件，使得侵蚀过程呈现为风水两相侵蚀；风蚀水蚀两相侵蚀的形成主要受气候条件、地质地貌因素、水文条件以及植被和人为因素等多种因素影响，其中环境因子的变异性对区域风水两相侵蚀具有决定性的影响和作用；植被演化与风沙活动的关系相当密切，保护和恢复该区域的植被条件显得十分必要和紧迫。

（5）因地制宜地提出了适合该区域可持续发展的综合治理措施和模式，综合运用工程措施、植被定向修复措施、自然恢复措施和人文措施相互结合、优势互补，其中：工程措施以"建设高效农田，推广保护法耕作"为主，发展节水灌溉工程、坚持沟道谷坊工程和坡面集雨工程相结合为辅；植被定向修复措施主要根据植被调查的优势物种和风洞试验的植被优化配置方式，以综合优化的生物定向配置措施为主，营造乔、灌、草立体生物防护体系为辅；生态自然恢复措施以"积极开展区域封禁和退耕还林还草"为主，科学分时分区轮牧、发展生态型农牧业为辅；人文措施以"加大水保执法力度，有效防止生态环境破坏"为主，对相关人员综合技术培训、进行公众意识教育和推广群众参与式管理为辅。综合治理实施完成后，示范区综合治理度达 90％以上，治理措施保存率达 85％以上，林草覆盖率达到 70％以上。

（6）充分运用先进的遥感、地理信息和计算机技术，并结合土壤侵蚀动力学，建立了示范区小流域地理信息管理及效益评价系统，实现了小流域综合治理信息管理的自动化、程序化和科学化，为提高小流域综合治理管理水平提供了一个高效实用的技术平台。

（7）鉴于京津风沙源区域范围较大，为了更好地能将治理成果和技术推广到更多的区域，希望在下阶段国家有关部门能够进一步支持加强风沙源区域的监测网络建设，提高监测技术水平和装备，力争建立一个包括多区域的大范围的综合集成管理信息系统，为提升风沙源区域的综合治理效益和水平提供更加强有力的技术支撑。

参 考 文 献

［1］　中国水利水电科学研究院．典型风蚀水蚀交错区综合治理技术示范与推广及效益监测
　　　　与评价可行性研究报告［R］.2003.

［2］　中国水利水电科学研究院，河北省沽源县水利水保局．典型风蚀水蚀交错区综合治理
　　　　技术示范与推广及效益监测与评价初步设计报告［R］.2004.

［3］　吴正，等．风沙地貌与治沙工程学［M］.北京：科学出版社，2003.

［4］　曲毅．张家口市的防沙治沙［J］.中国水土保持，2001（12）.

［5］　苑国良．平抑风沙灾害的新方法［J］.城市与减灾，2003（2）.

［6］　海春兴，史培军，刘宝元，等．风水两相侵蚀研究现状及我国今后风水蚀的主要研究
　　　　内容［J］.水土保持学报，16（2），2002.

［7］　刘斌，赵光耀，杜守君，等．黄土高原风沙区综合治理关键措施组合模式［J］.水土保
　　　　持通报，21（6），2001.

［8］　张平仓．水蚀风蚀交错带水风两相侵蚀时空特征研究——以神木六道沟小流域为例［J］.
　　　　土壤侵蚀与水土保持学报，5（3），1999.

［9］　姚丽华．气象学［M］.北京：中国林业出版社，2010.

［10］　张华，李锋瑞，张铜会，等．科尔沁沙地不同下垫面风沙流结构与变异特征［J］.水土
　　　　保持学报，16（2），2002.

［11］　何钢，刘鸿雁．河北坝上地区及浑善达克沙地植被演化及其与风沙活动关系［J］.北
　　　　京大学学报（自然科学版），40（4），2004.

［12］　章予舒，王立新，张红旗，等．甘肃疏勒河流域环境因子变异对荒漠化态势的影响
　　　　［J］.资源科学，25（6），2003.

［13］　中国水利学会泥沙专业委员会．泥沙手册［M］.北京：中国环境科学出版社，1989.

［14］　李令军，高庆生.2000年北京沙尘暴源地解析［J］.环境科学研究，2001，14（2）：1-4.

［15］　刘晓春，曾燕，邱新法，等．影响北京地区的沙尘暴［J］.南京气象学院学报，2002，
　　　　25（1）：118-123.

［16］　张仁健，王明星，浦一芬，等.2000年春季北京特大沙尘物理化学特性的分析［J］.气
　　　　候与环境研究，2000，5（3）：258-265.

［17］　盛学斌，刘云霞，孙建中．农牧交错带土壤及某些表生植被特性变异与荒漠化的相关
　　　　性——以冀北康保县为例［J］.应用生态学报，2002，13（7）：909-910.

［18］　庄国顺，郭敬华，袁蕙，等.2000年我国沙尘暴的组成、来源、粒径分布及其对全球
　　　　环境的影响［J］.科学通报，2001，46（3）：191-196.

［19］　叶笃正，丑纪范，刘纪远，等．关于我国华北沙尘天气的成因与治理对策［J］.地理学
　　　　报，2000，55（5）：513-521.

［20］　陈广庭．北京强沙尘暴史和周围生态环境变化［J］.中国沙漠，2002，22（3）：210-213.

［21］　胡海华，吉祖稳，曹文洪，等．风蚀水蚀交错区小流域的风沙输移特性及其影响因
　　　　素［J］.水土保持学报，2006，20（5）：20-23.

附 表

各种宜牧植物种的特征

附表1

编号	种类	生长期	成株高度	单位面积产草量	营养成分	收割时间与次数	适养性畜	适 应 性
1	紫花苜蓿（豆科苜蓿属多年生草本植物）	一般为20～30年，第2～4年生长最盛，5年后生产力下降	60～150cm	一般农田产鲜草3000～5000kg/亩，干草1000～1500kg/亩；高产田产鲜草5000～7500kg/亩，干草1500～3500kg/亩	风干物质中粗蛋白质占18.0%，粗脂肪占2.4%，无氮浸出物占35.7%，粗纤维占34.4%，粗灰分占8.9%	最适宜刈割时期在第一朵花现至十分之一开花。根茎上长出大量新芽阶段，有灌溉条件下刈割2～3次，夏播的不能刈割；第二年，北方地区刈割3～5次，两次刈割间隔通常为35～42天	鲜草、干草均适合猪、牛、羊、兔、禽类等，但切勿饲喂过多苜蓿性畜草过青，引起膨胀肚，需与禾本科和叶类来草类牧草混喂	喜温暖半干燥气候，适宜温度25℃左右，年降水量300～800mm，无霜期100天以上地区均可种植；对土壤要求不严，喜中性或微碱性土壤，最适土层深厚富含钙质土壤，不耐酸，pH为6～8为宜，可耐受含盐量力0.3%的土壤；耐寒性很强，成株植株能耐-20～-30℃；有雪覆盖下可耐-44℃的严寒
2	沙打旺（豆科黄芪属多年生草本植物）	一次种植可利用5～6年，第3年产量最高，以后产量下降	100～200cm	无霜期150天左右地区，春播当年鲜草产量15～37.5t/hm²，第2，3年产量22.5～75t/hm²，无霜期180天左右地区，春播当年鲜草产量30～45t/hm²，第2，3年产量210～750t/hm²，无霜期不足100天地区不能结籽，产量影响不大	绝对干物质中粗蛋白质占17.27%，粗脂肪占3.06%，无氮浸出物占22.06%，粗灰分占7.66%	调制干草应在株高60～80cm或现蕾初期收割最适宜，首次刈割最晚不宜现蕾期，刈割留茬高度以5～10cm为宜，每年刈割2～3次	沙打旺为低毒黄芪类植物，以茎叶草粉喂鸡、兔，草粉比例应在4%以下；鲜草可饲喂牛、羊、猪等家畜，均未发生过中毒反应，不宜单独、大量、长期饲喂，以免造成蛋白质过剩和碳水化合物缺乏	年平均气温8～15℃，降水量300～500mm，≥0℃积温3600～5000℃条件下能良好生长；对土壤的适应性强，适于中性和微碱性土壤，抗旱耐瘠；幼苗与成株在生长期间能耐-3～-4℃的低温，幼苗着生4片真叶时，能在-30℃下安全越冬，成株能耐-37℃低温；具有抗风蚀、沙埋和一定的抗盐能力

续表

编号	种类	生长期	成株高度	单位面积产量	营养成分	收割时间与次数	适宜性畜	适应性
3	柠条锦鸡儿（小叶锦鸡儿）（豆科锦鸡儿属多年生木本灌木）	寿命较长，生长8～10年后，植株表现衰老，生长缓慢，应及时进行平茬，间隔期为2年	150～300cm，高者达500cm	柠条锦鸡儿枝繁叶茂，产草量高，生长5年以上的柠条，可食枝叶干重产量2250～3000kg/hm²，种子产量240～300kg/hm²	开花期枝叶的营养成分是干物质86.18%，粗蛋白26.67%，粗脂肪2.08%，粗纤维19.44%，无氮浸出物46.23%，种子灰分5.58%，粗饲料、干物质中含有粗蛋白质27.4%和粗淀粉31.6%	以放牧为主，刈割利用较少，草场一年四季均可放牧	绵羊、山羊及骆驼均爱采食幼嫩枝叶，春末喜食花序，夏秋因茎枝木质化加剧而采食较少，秋季霜冻后因茎枝干枯变脆而乐意采食，马、牛采食较少	喜砂的旱生灌木，抗逆性强，不仅土壤中生长，而且能在有机质0.5%～1.0%的土壤厚度仅10～20cm的坡地上生长，能耐低温及酷暑，可抵御-30～-40℃的严寒，夏季沙面温度45℃时也能正常生长；抗旱性强，在年降水量150mm以下地区可以生长，调萎含水率为0.43%，具有耐风蚀、不怕沙埋的特点
4	草地早熟禾（禾本科早熟禾属多年生草本植物）	一般第3～4年生长最旺，以后逐渐衰退	30～60cm	干草产量3750～5250kg/hm²，种子产量450～900kg/hm²，一般鲜草产量2000～3000kg/亩	干草含水分7.8%，粗蛋白质10.08%，粗脂肪4.30%，粗纤维25.10%，无氮浸出物45.60%，粗灰分6.44%	草地早熟禾从早春到晚秋均可放牧，是家畜重要的放牧草	草地早熟禾茎叶柔软，适口性好，幼嫩而富于营养，放牧时马、牛、驴、骡、兔均喜食	适于温暖而湿润的气候，在冬季少雪的耐寒性的-40℃的严寒中能安全过冬，初冬生长旺盛，直到土壤结冻才枯死，耐热性较差，炎热夏季生长停止，耐干旱性较差，不耐水淹，喜排水良好的壤土和黏质土，尤以富含腐殖质和石灰质的土壤为宜，喜微酸性至中性土壤，最适pH值为6.0～7.0

编号	种类	生长期	成株高度	单位面积产草量	营养成分	收割时间与次数	适养性畜	适应性
5	白香木樨 草科草属（豆科木樨属二年生草本植物）	生长期两年，第2年开花结实后死亡	100～400cm	春播当年鲜草产量900kg/hm²，第2年30.0～52.5t/hm²，西北地区高产者可达67.5t/hm²	干物质含量92.63%，其中粗蛋白17.51%，粗纤维30.35%，粗脂肪3.17%，无氮浸出物34.55%，粗灰分7.05%	适宜刈割期为开花之前，不迟于现蕾期，一般留茬应保持2～3个茎节，刈割高度10～15cm为宜。播种当年仅能刈割1次，第2年再生迅速，能刈割3次	因含有香豆素，苦甜味重，适口性差。最好与其他青饲料混喂或调制成干草后利用，秋霜后各种性畜均喜采食，特别是牛。粉碎后喂猪效果亦佳	适应性广，最适于湿润和半干燥气候，抗旱性强，耐雨量400～500mm地区生长。低于300mm地区须有灌溉条件；耐寒性强，成株可在降雨量耐-30℃以下的低温，对土壤要求不严，肥沃且排水良好的黏壤土和黏质土产量最高，沙壤土也可种植和灰色淋溶土、黏重土和微碱性土含石灰质的中性或含盐碱性土壤，pH值7～9，含氯盐0.2%～0.3%或含全盐0.56%的土壤也能生长，耐盐碱比其他豆科牧草强
6	黄香木樨 草科草属（豆科草木樨属二年生草本植物）	生长期两年，第2年开花结实后死亡	100～200cm	东北地区栽培干草产量46275～75000kg/hm²，由于其落叶性强和茎秆易木质化，调制优质牧草较难	干物质含量92.68%，其中粗蛋白17.84%，粗纤维31.38%，粗脂肪2.59%，无氮浸出物33.88%，粗灰分6.99%，其营养价值与紫花苜蓿相差无几	适宜刈割期为开花之前，不迟于现蕾期，一般留茬应保持2～3个茎节，一个高度10～15cm为宜。播种当年仅能刈割1次，第2年再生迅速，能刈割3次。（白花草木樨）	鲜草中含有香豆素，家畜不喜采食，制成干草后香豆素消失，适口性增加，是牛、羊、鹿、马、骆驼等混合等家畜的好饲料，草粉也可喂养猪、兔、鱼类等	适宜温湿或半干旱气候，对土壤要求不严，沙土地及瘠薄土地、盐碱地，在侵蚀坡地上生长旺盛，在含盐0.2%～0.3%的土壤上也能生长、抗干旱、抗寒，抗逆性优于白花草木樨，在其木樨生长的地区柯种植黄花草木樨的地区等

编号	种类	生长期	成株高度	单位面积产草量	营养成分	收割时间与刈数	适养性畜	适应性
7	冰草（扁穗冰草，禾本科冰草属多年生草本植物）	寿命达10年以上，可利用6～8年，但在放牧条件下最长可达30年同产量最高	40～75cm，水肥条件好时可达1m以上	干旱条件下，鲜草3750～7500kg/hm²，水肥条件好时折合15000kg/hm²，种子产量300～750kg/hm²	抽穗期营养价值最好，粗蛋白质含量占风干物质的16.93%，粗脂肪占3.64%，粗纤维占27.65%，无氮浸出物33.84%，粗灰分6.44%；开花后营养价值下降，但仍然较高，粗蛋白质9.65%，粗脂肪4.31%，粗纤维32.71%	适宜刈割期为抽穗期，开花后适口性下降，再生草刈割能力差，每年只能刈割1次，再生草可放牧。调制干草应以抽穗和初花期刈割为宜，延迟收割适口性和营养价值下降	冰草是牛、羊、马、驼都喜食的优良牧草之一，可用作青饲、晒制干草、制作青贮或放牧	适合干燥寒冷地区种植，降水量250～500mm，≥0℃地区积温2500～3500℃的地区。具有高度的抗旱能力，干草停滞严重时生长，水分充足后产草和种子产量成倍增加，可在-40℃低温下安全越冬，对土壤要求不严，耐瘠薄、较耐盐碱，除沼泽、酸性土壤外，黑钙土、栗钙土、砂壤土上均能生长，不耐7～10天水淹
8	沙生冰草（禾本科冰草属多年生草本植物）	一般可生活10～15年，在合理放牧管理条件下最长可达30年以上	株高30～50cm，抽穗期株高40～60cm	一般鲜草1200～1800kg/亩，干草产量375～6000kg/hm²	开花期风干物质中粗蛋白质9.66%，粗脂肪2.83%，粗纤维43.36%，无氮浸出物26.88%，粗灰分5.65%	每年可刈割1～2次。冰草的再生性好，适于放牧利用	沙生冰草质柔软，为各种家畜食，尤以马、牛更喜食	在年降水量150～400mm，≥0℃积温为2500～3500℃的地区生长能力极强，对干旱土壤不苛求，耐瘠薄、沙质，可在干旱沙质土壤、沙地、沙质坡地，在羊沙漠地带也能正常生长。耐盐碱较好，不耐盐渍化、沼泽长期水淹，能忍受长期的低温下越冬

编号	种类	生长期	成株高度	单位面积产草量	营养成分	收割时间与次数	适养性畜	适应性
9	碱草（禾本科披碱草属多年生草本植物）	寿命为5～8年，利用年限为2～4年，其中1,2年产量最高，第3、4年略有下降，第5年急剧下降	70～160cm	有灌溉条件干草产量5600～9700kg/hm²，种子产量900～2000kg/hm²，旱作栽培干草产量2600～3000kg/hm²，种子产量300～860kg/hm²	抽穗期干物质含量91.09%，其中粗蛋白11.05%，粗脂肪2.17%，粗纤维39.08%，无氮浸出物42.00%，粗灰分5.70%	在气候较干旱、土壤瘠薄的情况下，一年可刈割一次，水分条件好时，可刈割两次，割后可配合放牧，利用再生草。抽穗至初花期刈割成青干草，能调制成营养丰富、草质优良的青干草	除饲喂马、牛、羊外，还可制成草粉喂猪，青刈可直接饲喂性畜或调制青贮饲料	适应性强，表现在抗旱、耐寒、耐盐碱和抗风沙方面，在降雨量250～300mm无灌溉条件的地区生长良好，在成株后可在土壤含水量为5%的情况下正常生长，能耐冬季-40℃低温，能适应较广泛的土壤类型，在黑钙土、暗栗钙土、栗钙土及黑垆土地区均有分布，pH值7.6～8.7的范围内生长良好；有一定的耐盐能力
10	垂穗披碱草（禾本科披碱草属多年生草本植物）	在水肥条件好时可利用4～6年，以第2,3年产量最高，以后逐年下降	野生种50～70cm，栽培种80～120cm	初花期刈割干草产量5250～12000kg/hm²，种子产量110～600kg/hm²，一般每亩鲜草2000～2400kg/亩	抽穗期草质优良，营养价值高，干物质含量91.68%，其中粗蛋白19.28%，粗脂肪2.70%，粗纤维30.04%，无氮浸出物37.79%，粗灰分10.19%	抽穗到花期前刈割，草质柔软，叶量丰富，迟割则茎秆老化、粗纤维增加，质量下降，留茬高度4～6cm	垂穗披碱草为中上等饲草，是家畜冬春保膘牧草	适应高寒湿润地区，在干旱区生长不良；抗寒性强，能耐-38℃低温，在海拔4700m的高寒山区正常生长，并完成生育周期；具较强的抗旱性、不耐水淹，有一定的耐盐碱性，对土壤要求不严，能在pH值为7.0～8.1的土壤中良好生长；耐瘠薄，但更喜暖湿润和排水良好的土壤

170

续表

编号	种类	生长期	成株高度	单位面积产草量	营养成分	收割时间与刈数	适养性畜	适应性
11	老芒麦（禾本科披碱草属多年生禾草）	寿命10年左右，在栽培条件下4年后高产，其产量下降，水肥条件好可维持高产5~6年	70~150cm	年产干草3000~6000kg/hm²，种子750~2250kg/hm²	抽穗期干物质含量92.46%，其中粗蛋白13.38%，粗脂肪2.41%，粗纤维33.98%，无氮浸出物38.77%，粗灰分11.46%	老芒属上繁草，适于刈割利用，宜在抽穗期至始花期进行，可青饲或调制干草，在良好水肥条件下，可刈割2次，北方每年仅刈割1次，再生草地上可放牧	老芒麦在披碱草属中属用价值最大的一种牧草，叶量丰富，鲜草产量中约40%~50%为叶子，再生草中达60%~80%以上，各类家畜均喜食，尤以牛、马、绵羊和山羊更喜食	年降水量400~600mm的地区可旱作栽培，若有灌溉条件可以获高产，抗寒性强，在-30~-40℃左右的低温和海拔4000m左右的高原能安全越冬，对土壤适应性较广，在瘠薄、弱碱或微碱性腐殖质土壤能良好生长，也可在一般盐渍化土壤或下湿盐碱滩上生长，抗旱能力稍差
12	无芒雀麦（禾本科雀麦属多年生禾本植物）	寿命长达25~50年，能连续利用6~8年，若管理水平较好，高产期可维持10年以上	50~120cm，高者达140cm以上	北方人工草地干草产量4500~7500kg/hm²，种子产量600~750kg/hm²	抽穗期茎叶干物质含量为30.0%，其中含粗蛋白16.0%，粗脂肪6.3%，粗纤维30.0%，无氮浸出物44.7%，粗灰分7.8%，还有丰富的钙、磷成分	无芒雀麦再生性好，中原地区每年刈割3次，东北华北地区可刈割2次，第一次刈割在开花期，粗蛋白合积累最多，可制成优质干草，刈割过迟不影响品质，再生草可放牧或刈青，再生草产量为总产量的30%~50%	无芒雀麦茎秆光滑，叶片无毛，草质柔软，适口性好，营养丰富，各种家畜均喜采食，尤以牛最喜食	最适宜寒冷干燥气候，不适于高温高湿环境；在年降水量400~500mm的地区生长适宜，寒性强，能在-30℃的低温下越冬，若有雪覆盖，越冬率达83%以上；土壤良好的肥沃、适宜排水的轻质土壤中也能生长，在轻质土或强碱性土壤，不耐强酸性或强盐碱化的时间长达50天

续表

编号	种类	生长期	成株高度	单位面积产草量	营养成分	收割时间与次数	适养性畜	适应性
13	丰草（禾本科赖草属，多年生草本植物）	寿命长，利用期可达10年，第3、4年产量最高，第5年后逐渐下降	100～150cm	旱作人工羊草地，干草产量3000～4500kg/hm²，灌溉地达6000kg/hm²，种子产量150kg/hm²	抽穗期干物质占风干物质的91.24%，绝对干物质中粗蛋白质24.14%，粗脂肪1.88%，粗纤维28.76%，无氮浸出物34.60%，粗灰分10.62%	孕穗期至始花期刈割最为宜，水肥条件好时当年可刈割2次，再生草可用于放牧，最后一次刈割应在停止生长前30天以前	茎叶细嫩，叶量丰富，为各种家畜喜食，夏秋能抓膘催肥，冬季能补饲营养，其干草属于上等优质饲草，为我国唯一出口的禾本科牧草	适宜生长在降雨量500～600mm的地区，降雨量不足300mm的地区也能生长，不耐涝，耐寒性强，在-42℃且少雪的地方能安全过冬，对土壤要求不严，喜排水良好、通气、流松的土壤及肥沃、湿润的黑钙土，耐盐碱，耐瘠薄，在pH值为5.5～9.4的土壤中正常生长
14	野大麦（短芒大麦草、野大麦，禾本科大麦属，多年生草本植物）		30～100cm	旱作条件下，每年刈割1次，亩产干草474kg；在吉林省二年生草地亩产干草530～660kg，2～4年每年可刈割两次，种子产量225～450kg/hm²	抽穗期绝对干物质中粗蛋白质22.98%，粗纤维28.62%，粗脂肪2.86%，无氮浸出物34.53%，粗灰分11.01%；结实期粗蛋白质降到7.35%，粗纤维增加到38.75%	可于抽穗至开花初期进行第1刈，留茬高度2～3cm，第2次刈割一般在孕穗抽穗期进行，无霜期短的地区，第2次刈割不得迟于停止生长前30天，再生性中等每年天然草场每年刈割一次	野大麦质地柔软，适口性较高，以羊、马、牛最喜食	喜温牧草，适宜生长在低湿润平原，在下湿轻度盐碱地上生长良好，耐瘠薄，对土壤要求不严，以湿润的草甸土、黑钙土生长最佳，沙壤土中等盐碱、干燥的棕钙土生长不良，也抗寒，在内蒙古的中、东部及河北坝上高纬度地区能安全越冬，耐旱

续表

编号	种类	生长期	成株高度	单位面积产草量	营养成分	收割时间与次数	适养性畜	适应性
15	碱茅（禾本科碱茅属多年生草本植物）	利用年限长，产量稳定，直到第6年后才缓慢下降	30～90cm	年产鲜草9000～11000kg/hm²，干草3000～4000kg/hm²，种子650～700kg/hm²	干物质含量95.97%，其中含粗蛋白质13.39%，粗脂肪1.47%，粗纤维30.26%，无氮浸出物46.10%，粗灰分4.65%	一般开花期刈割，用于调制青干草，再生草放牧利用	茎叶繁茂，茎秆细嫩柔软，叶量丰富，叶和花穗占地上部分的1/3，属中上等牧草；花前期鲜草为马、牛、羊最喜食，干草是幼畜、母畜的精饲料	性喜潮湿、微碱性土壤；抗寒性更强，可在冬季-36℃地方安全越冬，在年均温-2～0℃地方也能良好生长；耐盐碱能力极强，能在土壤pH值为9～10的重盐碱地上正常生长

附表2

牧草种类	水分/%	干物质/%	占绝对干物质的/%						营养价值			牧草物候期
			粗蛋白	粗脂肪	粗纤维	无氮浸出物	粗灰分	可消化粗蛋白质/(g/kg)	总能/(Mcal/kg)	消化能/(Mcal/kg)	代谢能/(Mcal/kg)	
紫花苜蓿	8.54	91.46	18.90	1.42	38.26	33.86	7.56	155.0	4.24	2.24	1.84	初花期
白草木樨	8.18	91.82	20.66	2.48	20.93	46.75	9.17	191.6	4.25	2.84	2.33	分枝期
黄香草木樨	8.25	91.75	18.23	2.27	24.60	45.77	9.13	142.8	4.21	2.71	2.22	分枝期
柠条（小叶锦鸡儿）	13.82	86.18	26.67	2.08	19.44	46.23	5.58	251.0	4.47	2.65	2.17	开花期
披碱草	7.92	92.08	11.86	2.37	35.11	40.90	9.77	96.5	4.10	2.37	1.94	抽穗期
垂穗披碱草	8.32	91.68	19.28	2.70	30.04	37.79	10.19	181.0	4.20	2.62	2.15	抽穗期

续表

牧草种类	水分/%	干物质/%	占绝对干物质的/%					营养值				牧草物候期
			粗蛋白	粗脂肪	粗纤维	无氮浸出物	粗灰分	可消化粗蛋白质/(g/kg)	总能/(Mcal/kg)	消化能/(Mcal/kg)	代谢能/(Mcal/kg)	
老芒麦	8.03	91.97	12.75	2.39	33.45	41.17	10.24	101.1	4.09	2.52	2.05	抽穗期
大麦	6.38	93.62	19.88	2.93	28.67	35.76	12.76	178.0	4.11	2.78	2.28	孕穗期
冰草	7.77	92.23	14.90	2.02	32.94	42.64	7.54	105.3	4.21	2.39	1.96	抽穗期
无芒雀麦	8.13	91.87	16.34	2.69	31.56	39.15	10.26	129.3	4.16	2.60	2.13	抽穗期
克氏针茅	7.28	92.72	12.45	2.33	28.02	51.85	5.36	70.8	4.29	2.64	2.17	抽穗期
狗尾草	6.55	93.45	12.23	2.24	28.78	46.71	10.04	98.5	1.08	2.95	2.42	抽穗期

注：白香草木樨：最适宜的收草时期应在开花之前，刈割利用少，草场一年四季均可放牧。

黄香草木樨：同上。

柠条（小叶锦鸡儿）：以放牧为主，刈割利用较少，草场一年四季均可放牧。

披碱草：抽穗至初花期前刈割，能调制成营养丰富、草质优良的青草。

垂穗披碱草：抽穗到花期刈割，草质柔软，叶量丰富，迟则茎秆老化，粗纤维增加，质量下降。

老芒麦：属上繁草，适干刈割利用，宜在抽穗期至始花期进行，可青饲或调制成干草。

冰草：适宜刈割期为抽穗期，开花后蛋白质含量和适口性下降，宜在抽穗和初花期刈割为宜，调制干草应以抽穗和初花期刈割为宜，延迟收割适口性和营养价值下降。

无芒雀麦：第一次刈割在抽穗期至开花期，粗蛋白含量及其他养分积累最多，可制成优质干草。

大麦：青刈大麦，在孕穗期刈割较为合适，这时产草量高，草质柔嫩，适口性强。